中馈录

古法制菜·隐藏的厨娘食单

（元）浦江吴氏 （清）曾懿

上海文艺出版社

序

女性在自己家里掌勺司厨的历史，是否可以一直追溯到人类母系社会时期，不得而知。但在现代社会很多人的儿时记忆当中，母亲亲手做的生日面、小点心，却是铭心刻骨、难以忘怀的美食。

中华美食，历史上大体可以分为三条主要发展传承脉络，一为宫廷及富贵家庭的宴筵珍馐，一为饭馆酒店的商业性经营，一为百姓家庭的日常餐饮。其中百姓家庭里的美食佳肴，除点心小吃、酱菜腌菜，其他见诸文献记录者相对较少，只是在一些文人笔记或回忆性文章中偶有所闻，这大概与大多数百姓家庭只能温饱、难得精细烹饪的物质生活条件有关。

而在这并不多见的有关寻常百姓家庭餐饮文献中，女性自己掌勺主厨、自己创制美食、自己记录留存者更是极为罕见。原因不难理解，要想留存女性烹饪食谱，至少需要两个前提条件，一是女子之家当有基本的物质条件，日常仅得温饱，要想在吃食上别出心裁，翻新出彩，制作出来美食佳肴，即便为其所愿，却也往往非其所能；二是即便能够制作出让一家老小得享口福的美味食物，还得女主人日常操劳之余，尚有闲情雅致，将自己亲手烹制、炒作、蒸煮、腌酱出来的食谱记录下来，或为自存，或为留后。即便如此，想到还去刻印出版、公之于众者，绝对稀罕。

这一现象，恐怕不仅见诸中华，即便是在西方国家，早期殖民开拓时期，普通人家，绝对不会有特意备份的私家食谱可供家传。说到这里，倒让我想起前几年见到过的两份东西。其一是在波士顿的旧书摊上淘到的一本旧书，书名好像是《早期美国的贤妻良母》，说的是早期美国移民时代，妇人们要想家庭和美、兴旺发达，如何操持家务，也就成了她们一门必修的功课，其中就包括掌勺主厨，只是书中并没有谈到多少精打细算、勤俭节约的家庭主妇们烹饪细作的厨艺食谱。

而另一份东西得之亦甚为偶然。翻查日记，有如下记载:

2014年10月26日，周日。时阴时晴。

7:00出发去燕京学社门前停车场。燕京学社今天组织去Amherst College参观。其实主要是参观狄金森纪念馆（Emily Dickinson Museum）。纪念馆由狄金森故居及其兄嫂故居两部分组成，中间另有其家原有之仓储、牛羊猪鸡养殖场、菜地、院场等。

参观了狄金森的家（其实是其父母的家，狄金森一直与其父母生活在一起），包括其卧室、家庭图书馆（书室）、厨房，以及她兄嫂的家。买了部狄金森诗全编，可以作为礼物送人。另买了一本《狄金森食谱》（Emily Dickinson's Recipe）。据说狄金森在家里经常负责做面包和甜点，狄金森亲手制作的面包和她的诗，被认为是她送给家人们的双重礼物，而她的诗，往往亦因此而具有物理上及神学上的双重隐喻。

迄今狄金森的诗不仅在美国仍有很多读者，在中国喜欢阅读狄金森的读者也不少，不过对于狄金森的食谱，闻见者恐怕不会有很多。其实这份食谱并非直接出自狄金森之手，而是其嫂嫂因为特别喜爱这位诗人小姑子制作的面包点心，很有心地将狄金森制作面包点心的方法记录了下来。不过，嫂嫂当时应该也就是一记而已，并没有想到留存珍藏。据纪念馆工作人员介绍，这份珍贵的食谱，是后来在清理狄金森旧居时无意之中发现的。再后来，纪念馆亦就据此整理出来了一份《狄金森食谱》。

与《早期美国的贤妻良母》中家庭主妇们以操持饮食家务来支撑门户、发家致富所不同的是，狄金森学习并制作面包点心，跟她写诗一样，都是保持一位知识女性自我独立的重要方式。狄金森终身未嫁，成年后几乎屏蔽了一切社交，似乎只有写诗和做面包点心，成为她生命中必不可少的日常。尽管狄金森一生在诗歌创作上甚为高产，留存下来的有一千七百余首诗，但这些诗绝大部分均未在其生前发表出版。就跟她差不多每天亲手制作的面包点心一样，这些诗只是属于狄金森自己，也只有最亲近的家人目睹耳闻，并不与外人分享。

所以，当朱丽莎告诉我她计划将中国古代两份女性食谱整理出版的时候，我惊喜之余，首先想到的，就是在阿默斯特小镇边沿狄金森旧居中所见到的那份女诗人食谱——或许这也是世界上并不多见的女诗人食谱之一，套用现在一句商业炒作用语，这份女诗人食谱绝对是私房秘制、概不外传。

朱丽莎是复旦中文系出版专业的在读研究生。按规定，出版专业研究生的毕业论文，可以是研究性的论文方式，也可以选择独立编撰并策划出版一部书稿，丽莎选择了后者。

其实后者并不容易，尤其是对于之前鲜有此方面经验积累者来说，挑战更是不小。再加上还要自己独立去联系出版社、承担编辑方面的部分责任，等等。所以，当丽莎最初告知这一选择时，我惊喜之余，多少又有些担心。当然，复旦中文系出版专业往届毕业生中，也曾有选择策划出版一部图书者，而且还甚为成功，但其中所需要付出的努力与坚持，我也是多少有些耳闻的，再说别人以往的经验要想复制，也并非轻而易举即能做到之事。

后来丽莎均一一落实并完成了上述编撰工作，其中经过及辛苦细节，在其编后记中已有详述，毋庸赘言。而对于书中所辑录的两份中国古代女性食谱，我并无专门研究，所以“默存”当为明智。

特别需要说明的是，丽莎的研究出版计划之所以能够顺利实现，离不开她的行业导师、复旦大学出版社原总编辑孙晶老师的大力支持和具体指导帮助，当然还有出版社责任编辑的积极协助，这些都是应当感铭于心的。

段怀清

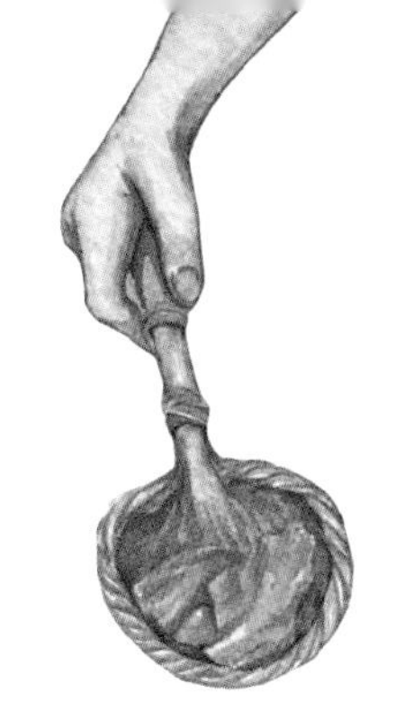

目录

1 序

中馈录·浦江吴氏

脯鲊

18 蟹生

22 炙鱼

24 水醃鱼

26 肉鲊

28 瓜虀

29 算条巴子

32 炉焙鸡

34 蒸鲥鱼

36 夏月醃肉法

40 风鱼法

42 肉生法

44 鱼酱法

46 糟猪头、蹄、爪法

50 酒醃虾法

52 蛏鲊

54 醉蟹

55 晒虾不变红色

58 煮鱼法

62 煮蟹青色、蛤蜊脱丁

64 造肉酱

66 黄雀鲊

68 治食有法

制蔬

74 配盐瓜菽

76 糖蒸茄

80 酿瓜

82 蒜瓜

84 三煮瓜
85 蒜苗干
88 藏芥
90 芥辣
92 酱佛手、香橼、梨子
94 糟茄子法
95 糟萝卜方
96 糟姜方
97 做蒜苗方
98 三和菜
100 暴虀
102 胡萝卜鲊
104 蒜菜
108 淡茄干方
110 盘酱瓜茄法
112 干闭瓮菜
116 撒拌和菜

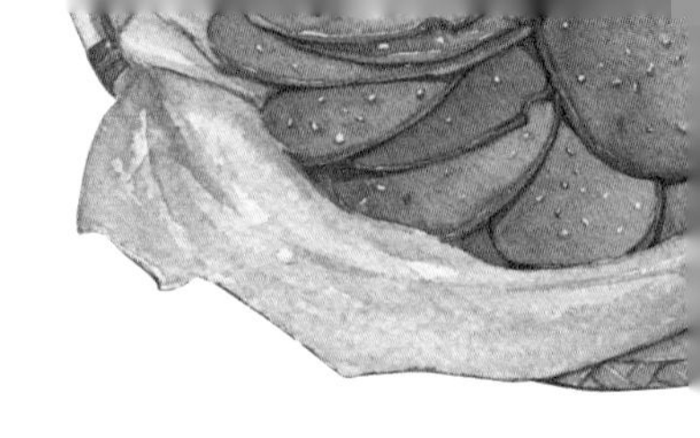

118　蒸干菜

120　鹌鹑茄

122　食香瓜茄

124　糟瓜茄

126　茭白鲊

127　糖醋茄

128　蒜冬瓜

129　醃盐韭法

130　造榖菜法

132　黄芽菜

136　倒纛菜

138　笋鲊

140　晒淡笋干

144　酒豆豉方

146　水豆豉法

148　红盐豆

150　蒜梅

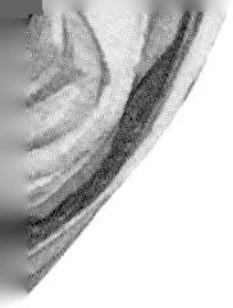

甜食

154 炒面方

156 面和油法

160 雪花酥

162 洒孛你方

164 酥饼方

165 油䬔儿方

168 酥儿印方

170 五香糕方

172 煮沙团方

173 粽子法

174 玉灌肺方

176 馄饨方

177 水滑面方

180 糖薄脆法

182 糖榧方

中馈录·曾懿

186 中馈总论

188 第一节 制宣威火腿法

附：藏火腿法

194 第二节 制香肠法

198 第三节 制肉松法

200 第四节 制鱼松法

202 第五节 制五香燻鱼法

204 第六节 制糟鱼法

206 第七节 制风鱼法

208 第八节 制醉蟹法

212 第九节 藏蠏肉法

214 第十节 制皮蛋法

216 第十一节 制糟蛋法

218 第十二节 制辣豆瓣法

220 第十三节 制豆豉法

222　第十四节 制腐乳法
226　第十五节 制酱油法
228　第十六节 制甜酱法
附：制酱菜法
232　第十七节 制泡盐菜法
234　第十八节 制冬菜法
238　第十九节 制甜醪酒
242　第二十节 制酥月饼法
245　编后记

中馈录

浦江 吴氏

中馈

指妇女在家里主管的饮食等事。陶宗仪《说郛》明刊一百二十卷本(宛委山堂本)中收录了该食谱,名为《中馈录》,作者为浦江吴氏。(浦江,今隶属浙江省金华市。)后人为区别于清代曾懿的《中馈录》,也有将吴氏撰写的《中馈录》称为《吴氏中馈录》或《浦江吴氏中馈录》。

脯鲊

脯：肉干。

鲊：用米粉、面粉等加盐和其他作料拌制的切碎的菜，可以贮存。

蟹生[1]

【原文】

用生蟹，剁碎。以麻油先熬熟，冷，并草果[2]、茴香、砂仁、花椒末、水姜[3]、胡椒俱为末，再加葱、盐、醋共十味，入蟹内拌匀，即时可食。

【注释】

〔1〕 蟹生：高似孙《蟹略》蟹食条："蟹生，又名洗手蟹、酒蟹。"宋代时有两种做法，一是将洗净的生蟹切成小块，用盐腌制一二小时，再加白酒、姜、橙腌制数日。另一种即该做法。

〔2〕 草果：姜科。多年生丛生草本，具横走根状茎。种子多角形，有浓香。干燥果实入药，性温、味辛，功能燥湿温中、治疟，主治寒湿内阻、脘腹胀满、疟疾等症。

〔3〕 水姜：子姜。

【译文】

取生蟹，剁碎。用麻油熬熟后，冷却，将草果、茴香、砂仁、花椒末、水姜、胡椒都切成碎末，再加葱、盐、醋共十味调料，放入蟹块搅拌均匀后即可食用。

炙鱼

炙鱼

【原文】

鲚鱼新出水者治净，炭上十分炙干，收藏。一法：以鲚鱼去头、尾，切作段，用油炙熟。每服用箬[1]间，盛瓦礶[2]内，泥封。

【注释】

〔1〕 箬：箬竹的叶子，可编制器物或竹笠，还可以包粽子。

〔2〕 礶：同“罐”。

【译文】

把刚从水中取出的鲚鱼处理干净，放在炭上烤干后，收集保存。另一种做法：把鲚鱼切去头、尾，切成段，用油煎熟。每段鱼之间，用箬叶间隔，放在瓦罐内，用泥封口。

水醃[1]鱼

【原文】

腊中，鲤鱼切大块，拭干。一斤用炒盐四两擦过，淹[2]一宿，洗净，晾[3]干。再用盐二两、糟[4]一斤，拌匀，入瓮，纸、箬、泥封涂。

【注释】

〔1〕醃：同“腌”。

〔2〕淹：浸渍。

〔3〕晾：晾。

〔4〕糟：做酒剩下的渣滓，即酒糟，含有10%左右的酒精，酒香浓郁，可用以腌制食物。

【译文】

腊月里，将鲤鱼切成大块，擦干水分。一斤鲤鱼擦四两炒盐，腌制一晚后，洗净鲤鱼，晾干。再用二两盐、一斤酒糟，和鱼块搅拌均匀，放入瓮中，用纸、竹叶、泥土封住瓮口。

肉鲊

【原文】

生烧[1]猪、羊腿，精批[2]作片，以刀背匀椎[3]三两次，切作块子。沸汤随漉出，用布内[4]扭干。每一斤入好醋一盏[5]，盐四钱，椒油、草果、砂仁各少许，供馔亦珍美。

【注释】

〔1〕生烧：一种烹饪方法。泛指烧制生料。用于质老筋多或质地鲜嫩的原料。质老筋多的原料，要先焯水，然后锅中加高汤或水，用旺火烧开，去除血污和浮沫，改用中火或小火，加调料慢煮至松软，再用旺火收汁。质地鲜嫩的原料，要先经煸或炒或煎或炸，然后加汤，用旺火烧开，改用中火烧熟后，再用旺火收汁。

〔2〕批：俗称平刀，刀工技巧之一。将刀持平，横着或斜着向原料割进，使原料成为薄片。

〔3〕椎：同“捶”，敲打。

〔4〕内：通“纳”，接纳，放入。

〔5〕盏：小杯子。

【译文】

生烧猪腿、羊腿，精心地削成肉片，用刀背均匀地捶打两三次后，切成小块。将水烧开，接着将肉块焯水，放入布内扭干水分。每一斤肉，加入一小杯品质上乘的醋，四钱盐，少许椒油、草果、砂仁，这道菜用于宴请也很不错。

[1]

【原文】

酱瓜、生姜、葱白、淡笋干或茭白、虾米、鸡胸肉各等分[2]，切作长条丝儿，香油炒过，供之。

【注释】

〔1〕 虀：指捣碎的姜、蒜、韭菜等。

〔2〕 分：重量单位，十分为一钱。

【译文】

酱瓜、生姜、葱白、淡笋干或茭白、虾米、鸡胸肉每种取相同的重量，切成长条的丝儿，用香油翻炒，就可以上桌了。

算条巴子

【原文】

猪肉精肥冬另切作三寸长，各如算子[1]样，以砂糖、花椒末、宿砂[2]末调和得所，拌匀、晒干、蒸熟。

【注释】

〔1〕 算子：古代计数用的筹码。

〔2〕 宿砂：药食两用，可作为调味品，亦可入中药。

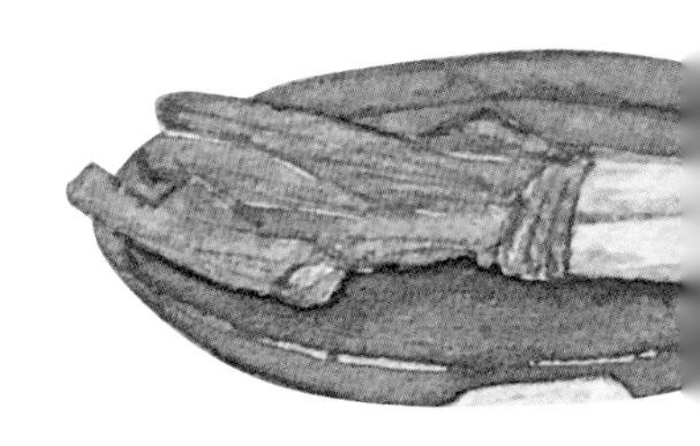

【译文】

取精猪肉和肥猪肉，各切成三寸长、像算子的形状，用砂糖、花椒末、宿砂末调和得当，和猪肉搅拌均匀，晒干后蒸熟。

炉焙鸡

炉焙[1]鸡

【原文】

用鸡一只，水煮八分熟，剁作小块。锅内放油少许，烧热，放鸡在内略炒，以鏇[2]子或椀[3]葢[4]定。烧及热，醋、酒相半，入盐少许，烹[5]之。候干，再烹，如此数次，候十分酥熟，取用。

【注释】

〔1〕焙：用微火烘烤。

〔2〕鏇：铜锡制作的器皿。戴侗《六书故》：“鏇，温器也，旋之汤中以温酒。或曰今之铜锡盘为鏇，取旋转为用也。”

〔3〕椀：同“碗”。

〔4〕葢：同“蓋”，“盖”的繁体字。

〔5〕烹：一种烹饪方法，先用热油略炒，再加入液体调味品，迅速搅拌，随即盛出。

【译文】

准备一只鸡，用水煮到八分熟后，剁成小块。在锅内放少许油，烧热后，放入鸡块简单翻炒，用盘子或碗盖住。鸡块烧热后，放入等量的醋、酒，加少许盐，翻炒均匀。等汤汁收干，再加醋、酒、盐，重复上述步骤，如此反复，直到鸡肉酥软，取出享用。

蒸鲥鱼[1]

【原文】

鲥鱼去肠不去鳞，用布拭去血水，放盪锣[2]内，以花椒、砂仁、酱擂碎，水、酒、葱拌匀，其味和，蒸。去鳞，供食。

【注释】

〔1〕此菜延续至今，现在的用料更为丰富，除了鲥鱼，还会加入火腿片、笋片、香菇等作为辅料。

〔2〕盪锣：盪，同“荡”。盪锣，用于清洗的器皿。许慎《说文解字》：“盪，涤器也。”段玉裁注：“凡贮水于器中，摇荡之去滓，或以磢垢瓦石和水吮漂之，皆曰盪。”赵彦卫《云麓漫钞》：“军中以锣为洗，正如秦汉用刁斗可以警夜，又可以炊饭，取其便耳。”

【译文】

取鲥鱼，去除鱼肠但保留鱼鳞，用布擦去血水，放入荡锣内，把花椒、砂仁、酱一起碾碎，再加水、酒、葱搅拌均匀，调好味后，把鱼蒸熟。去掉鱼鳞，即可食用。

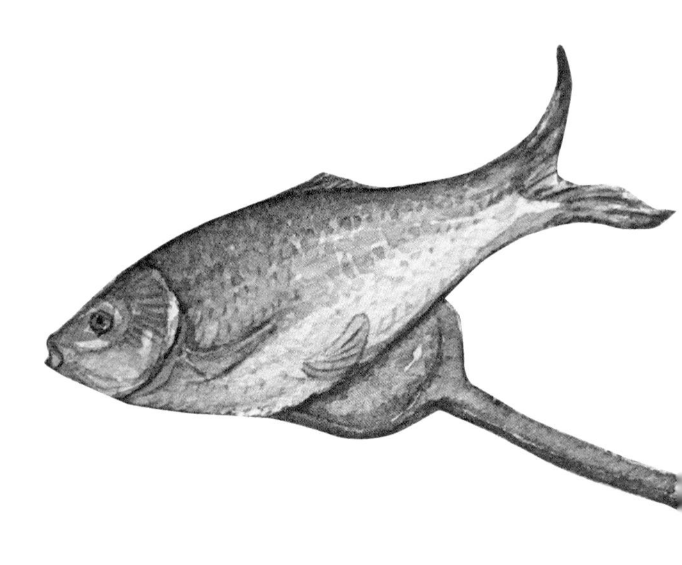

夏月醃肉法

【原文】

用炒过热盐擦肉，令软匀。下缸内，石压一夜，挂起。见水痕，即以大石压干，挂当[1]风处，不败[2]。

【注释】

〔1〕当：对着，面对。

〔2〕败：食物变质变味。

【译文】

用炒过的热盐擦肉，要擦得均匀，使肉柔软。放入缸内，用石压一整晚后，将肉挂起。看到肉表面渗出水分，就再用大石压干，挂在通风处，肉就不会变质。

风鱼法

风鱼法

【原文】

用青鱼、鲤鱼破去肠胃，每斤用盐四五钱[1]，腌七日。取起，洗净，拭干。腮下切一刀，将川椒、茴香加炒盐擦入腮内并腹里，外以纸包裹，外用麻皮[2]扎成一箇[3]，挂于当风之处。腹内入料多些方妙。

【注释】

〔1〕 钱：重量单位，十钱为一两。

〔2〕 麻皮：麻类植物的皮，可制绳索。

〔3〕 箇：同“个”。

【译文】

取青鱼或鲤鱼，剖开鱼肚，去除内脏，按每斤鱼配四五钱盐的比例，腌制七天。七日后，取出腌好的鱼，洗干净，擦干水分。在鱼鳃下方切一刀，将川椒、茴香、炒盐抹在鱼鳃内侧和鱼肚内，鱼的表面用纸包裹好，再在纸外用麻皮整个包扎，挂在通风之处。鱼肚内多放些调料才好。

肉生法

【原文】

用精肉切细薄片子，酱油洗净，入火烧红锅[1]，爆炒，去血水，微白[2]即好。取出，切成丝，再加酱瓜、糟萝卜[3]、大蒜、砂仁、草果、花椒、橘丝、香油拌炒。肉丝临食加醋和匀，食之甚美。

【注释】

〔1〕 红锅：又称“走红”。一种初步热处理方法。将肉放入调好色、味的汤锅中，使其上色入味，至七八成熟时出锅供用。

〔2〕 微白：动物性原料经加工成丝、丁、片、块等形状后，在下锅烹制的过程中，颜色由深变浅的现象。此时的原料处于断生的程度。

〔3〕 糟萝卜：用酒糟腌制的萝卜。

【译文】

取精肉切成薄片，洗净后用酱油腌制，放上火走红，将肉片爆炒，去除血水，肉片颜色微白就可以了。取出肉片，切成肉丝，再加酱瓜、糟萝卜、大蒜、砂仁、草果、花椒、橘丝、香油边炒边拌。肉丝食用前加醋调味，吃起来十分美味。

鱼酱法

【原文】

用鱼一斤，切碎，洗净后，炒盐三两[1]、花椒一钱、茴香一钱、干姜[2]一钱，神曲[3]二钱、红曲[4]五钱，加酒和匀，拌鱼肉，入磁瓶，封好，十日可用。吃时加葱花少许。[3]

【注释】

〔1〕两：重量单位，十六两为一斤。

〔2〕干姜：又称“姜片”、“姜皮”。烹饪原料。姜洗净干制而成。

〔3〕神曲：又称“六曲”、“六神曲”。为辣蓼、青蒿、杏仁等药加工后与面粉或麸皮混合，经发酵而成的曲剂。其味甘、辛，性温，具有消食健胃之功效。

〔4〕红曲：又称“红曲米”。一种天然红色色素，将红曲霉培养在稻米上制成，含有大量的天然红色色素。

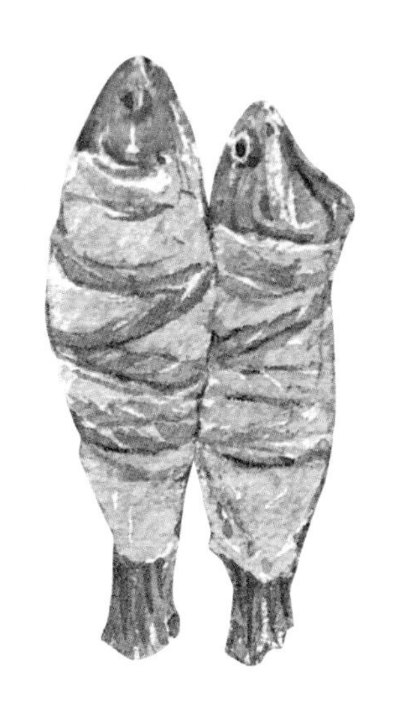

【译文】

取一斤鱼，切碎，洗净后，加入三两炒盐、一钱花椒、一钱茴香、一钱干姜、二钱神曲、五钱红曲，加酒调和，和鱼肉一起搅拌，放入瓷瓶中，将瓶口封好，十天就可以食用。食用时加少许葱花。

糟猪头、蹄、爪法

【原文】

用猪头、蹄、爪，煮烂，去骨。布包摊开，大石压匾[1]实，落一宿，糟用甚佳。

【注释】

〔1〕匾：通“扁”。

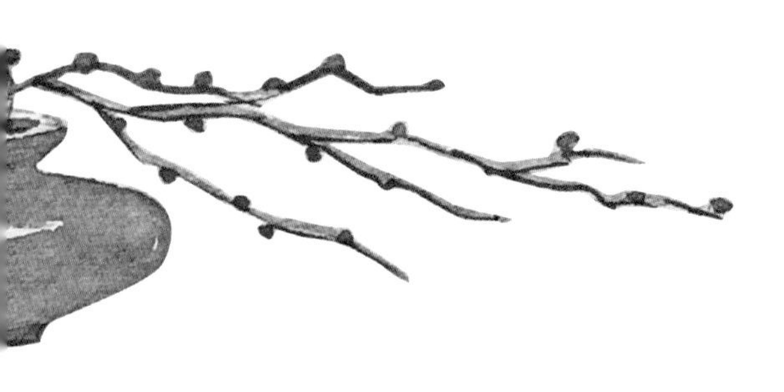

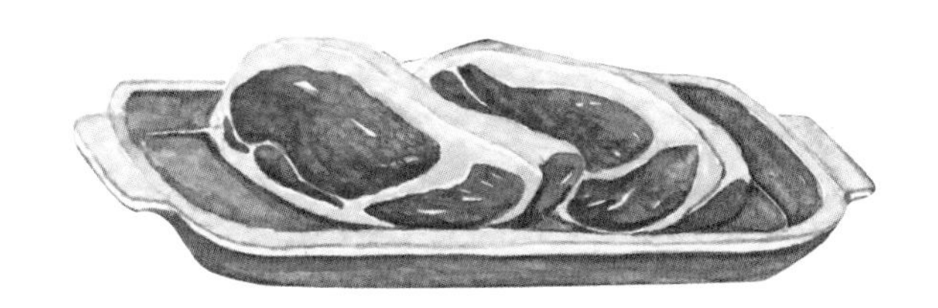

【译文】

取猪头、猪蹄、猪爪，煮得酥烂后，去除骨头。布包好后平摊，用大石头将肉压扁实，如此放一晚，用酒糟腌制味道更好。

酒醃蝦法

酒醃虾法

【原文】

用大虾，不见[1]水洗，剪去须尾。每斤用盐五钱，淹半日，沥干，入瓶中。虾一层，放椒三十粒，以椒多为妙。或用椒拌虾，装入瓶中亦妙。装完，每斤用盐三两，好酒化开，浇入瓶内，封好泥头。春秋五七日，即好吃。冬月十日方好。

【注释】

[1] 见：表被动，相当于“被”。

【译文】

取大虾，不要用水洗，剪去虾须、虾尾。每斤虾使用五钱盐，腌制半天，沥干渗出的水分后，将虾放入瓶中。每放一层虾，放三十粒左右的花椒，花椒多一些为好。或者将花椒和虾搅拌均匀，装进瓶中也是一种好的办法。将虾和花椒装进瓶中后，每斤虾需要用三两盐，用好酒溶化，浇入瓶中，瓶口用泥土封住。春秋季节，等五七天就可以吃了。冬季需要等十天左右才可以。

蛏鲊

【原文】

蛏一斤，盐一两，腌一伏时[1]。再洗净，控干[2]，布包石压。加熟油[3]五钱，姜、橘丝五钱，盐一钱，葱丝五分，酒一大盏。饭糁[4]一合[5]，磨米，拌匀入瓶，泥封十日可供。鱼鲊同。

【注释】

〔1〕一伏时：一昼夜。

〔2〕控干：烹饪术语。将食材表面残留的水沥干。

〔3〕熟油：一种烹饪原料。相对生油而言。生油，指未经过炼制的植物油。熟油，指经过炼制至熟的动植物食用油。

〔4〕饭糁：饭粒。

〔5〕合：容量单位，十合为一升。

【译文】

取一斤蛏子、一两盐，腌制一天。再洗净，将水沥干，用布包好后，用石头压住。加五钱熟油，五钱姜和橘丝，一钱盐，五分葱丝，一大杯酒。准备一合饭粒，磨碎后，和蛏子、香料一起搅拌均匀装入瓶中，泥土封住瓶口十天就可以食用。鱼鲊也是相同的做法。

醉蟹

【原文】

香油入酱油内，亦可久留，不砂[1]。糟、醋、酒、酱各一碗。蟹多，加盐一碟。又法：用酒七碗、醋三碗、盐二碗，醉蟹亦妙。

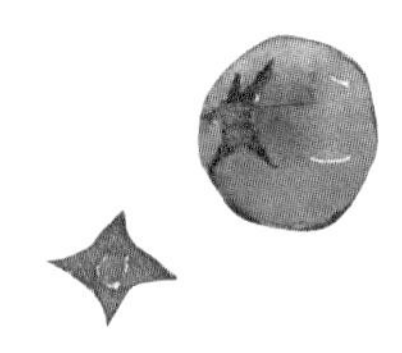

【注释】

〔1〕砂：变质。

【译文】

在酱油中加入香油，就可以长久保存，不容易变质。各准备一碗糟、醋、酒、酱。如果蟹多的话，再加一碟盐。另一种方法：用七碗酒、三碗醋、二碗盐，做出来的醉蟹也很不错。

晒虾不变红色

【原文】

虾用盐炒熟，盛篓内，用井水淋，洗去盐，晒干，色红不变。

【译文】

虾用盐炒熟，放在篓内，用井水淋虾，洗去多余的盐，晒干后，虾的红色保持不变。

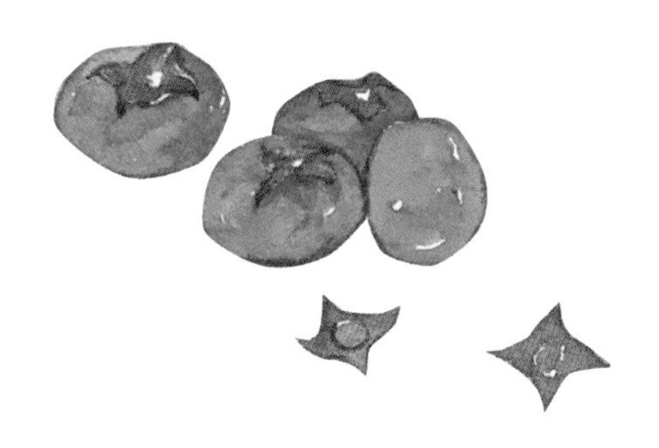

煮鱼法

煮鱼法

【原文】

凡煮河鱼，先下水下[1]烧，则骨酥。江、海鱼，先调滚汁下锅，则骨坚也。

【注释】

〔1〕疑“下”字衍。

【译文】

凡是煮河鱼，先把鱼放入冷水中再烧，那么鱼骨就会酥软。江鱼、海鱼要先调好汤汁并烧开，再将鱼放入锅中煮，那么鱼骨就会坚硬。

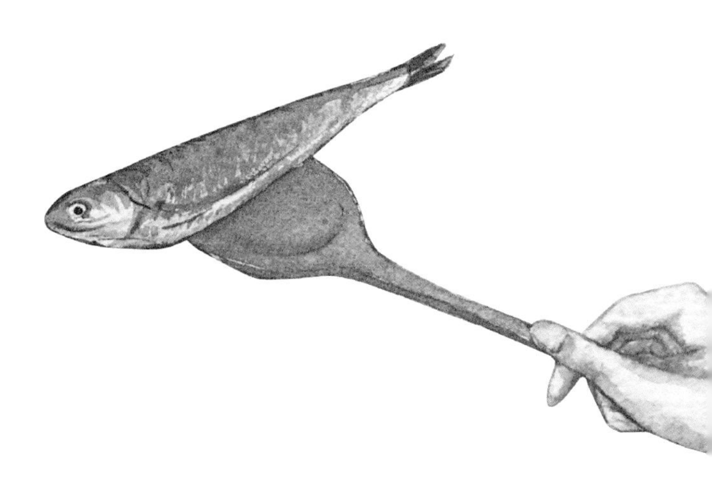

煮蟹青色、蛤蜊脱丁

煮蟹青色、蛤蜊脱丁

【原文】

用柿蒂三五个同蟹煮，色青。后用枇杷核内仁同蛤蜊煮，脱丁。

【译文】

取三五个柿蒂，和螃蟹一起煮，煮熟后的螃蟹依然保持青色。然后取枇杷的核仁，和蛤蜊一起煮，蛤蜊肉就会与贝壳自动脱离。

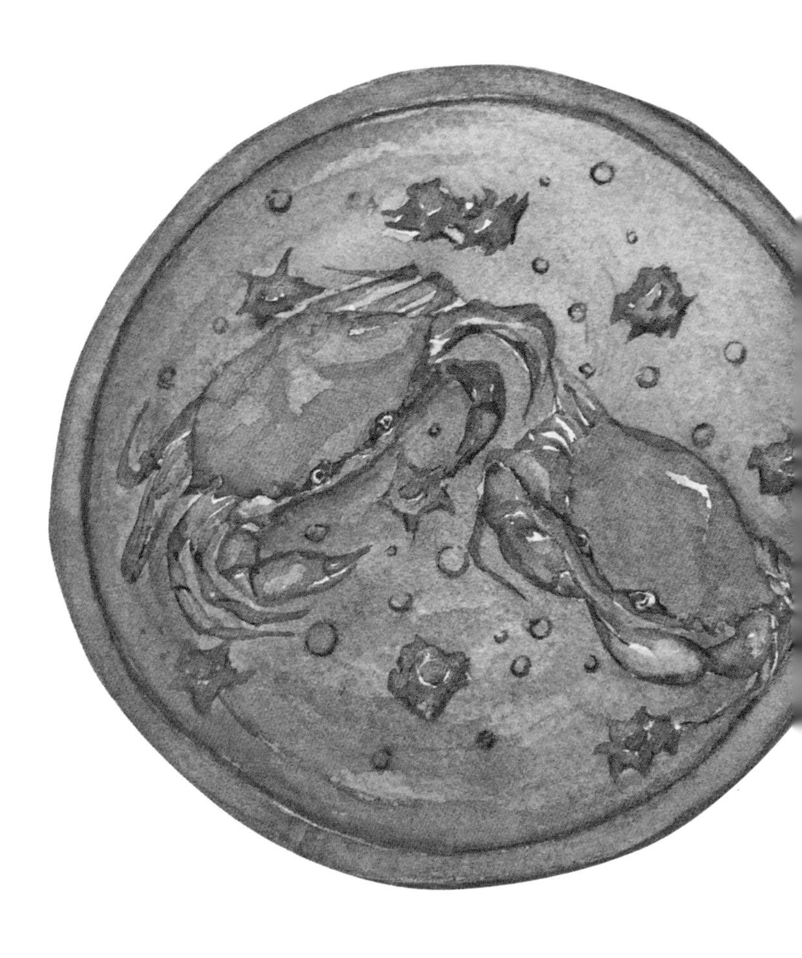

造肉酱

【原文】

精肉四斤去筋骨，酱一斤八两，研细盐四两，葱白细切一碗，川椒、茴香、陈皮各五六钱，用酒拌各粉并肉，如稠粥，入罈〔1〕，封固。晒烈日中〔2〕十余日，开，看，干再加酒，淡再加盐。又封以泥，晒之。

【注释】

〔1〕罈：同“坛”。

〔2〕日中：中午。中国古代十二辰之一，相当于午时，今11时至13时。司马迁《史记·平原君虞卿列传》：“日出而言之，日中而不决。”

【译文】

取四斤精肉，去除筋和骨，再准备一斤八两的酱，四两研磨好的细盐，一碗切细的葱白，各五六钱的川椒、茴香、陈皮，用酒拌各种调味品和肉，像稠粥的稠稀程度，然后放入坛中，封好坛口。将坛放在中午的烈日下晒十几天，打开坛口，看肉酱，如果肉酱太干就再加酒，肉酱太淡则再加盐。再用泥土封住坛口，继续晒。

黄雀鲊[1]

【原文】

每只治净，用酒洗，拭干，不犯水。用麦黄[2]、红曲、盐、椒、葱丝，尝味和为止。却将雀入匾罈内，铺一层，上料一层，装实，以箬盖篾[3]片芊定。候卤[4]出，倾去，加酒浸，密封，久用。

【注释】

〔1〕黄雀鲊：又称“披绵鲊”。据《中国烹饪技法辞典》：“古代黄雀为害，人们将其做酱吃。”

〔2〕麦黄：麦的一种。李时珍《本草纲目》：“此乃以米、麦粉和罨，待其熏蒸成黄，故有诸名。”

〔3〕篾：竹子劈成的薄片，也泛指苇子或高粱秆上劈下的皮。

〔4〕卤：卤制食物后留下的汤汁。

【译文】

把每只黄雀都料理干净，用酒洗净，擦干，不要接触水。用麦黄、红曲、盐、椒、葱丝作为调料，适当增添调整比例直到味道和谐为止。将黄雀放入扁坛中，每铺一层黄雀，放一层调料，注意要装紧实，箬叶覆盖坛口，用篾片插好、固定。等到卤汁渗出，倒去，加酒浸泡，密封，就可以较久地保存了。

治食有法

【原文】

洗猪肚用面，洗猪脏用砂糖，不气[1]。

煮笋入薄荷，少加盐或以灰，则不莶[2]。

糟蟹，罈上加皂角半锭，可留久。

洗鱼，滴生油一二点，则无涎[3]。

煮鱼，下末香[4]，不腥。

煮鹅，下樱桃叶数片，易软。

煮陈腊肉，将熟，取烧红炭，投数块入锅内，则不油莶气[5]。

煮诸般肉，封锅口，用楮实子[6]一二粒同煮，易烂又香。

夏月，肉单用醋煮，可留十日。

面不宜生水[7]过，用滚汤停冷，食之。

烧肉忌桑柴火。

酱蟹、糟蟹忌灯照，则沙[8]。

酒酸，用小豆一升，炒焦，袋盛，入酒罈中，则好。

染坊沥过淡灰[9]，晒干，用以包藏生黄瓜、茄子，至冬月可食。

用松毛[10]包藏橘子，三四月不干。菉[11]豆藏橘，亦可。

【注释】

〔1〕气：指内脏的腥臭气。

〔2〕莶：指莶草的苦辣味。

〔3〕涎：指鱼分泌的粘液。

〔4〕末香：又称“木香”、“青木香”、“南木香”。菊科植物云木香的根。其香气如蜜。

〔5〕油莶气：指放久了的腌制品产生的一种油辣味。

〔6〕楮实子：桑科植物楮树的果实。

〔7〕生水：未经煮沸过的水。

〔8〕沙：变质。

〔9〕淡灰：即兰淀灰，指染坊后过滤出来的沉淀物。

〔10〕松毛：油松、马尾松的针叶。

〔11〕菉：通“绿”。

【译文】

用面清洗猪肚，用砂糖清洗猪脏，即可去除内脏的腥臭气。

煮笋的时候加入薄荷，稍微加一点盐或草木灰，即可去除苦涩味。

糟蟹，坛上放半锭皂角，就可以较久地保存。

洗鱼时滴一二点生油，即可去除鱼的粘液。

煮鱼，放入末香，即可去除鱼腥味。

煮鹅，放入几片樱桃叶，鹅肉容易煮酥软。

煮陈腊肉，快熟的时候，取几块烧红了的炭，放入锅中，即可去除陈腊肉的油辣味。

煮肉类时，将锅口封好，取一二粒楮实子和肉一起煮，方便把肉煮得又软又香。

夏天，肉只用醋煮，可以保存十天。

面不适合用生水过，用沸水放冷后过一下，再吃。

烧肉不要用桑木作燃料。

酱蟹、糟蟹不要用灯火照，否则容易变质。

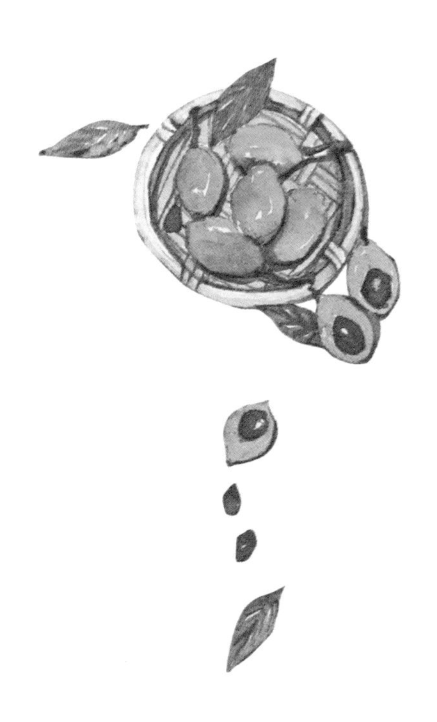

酒酸了，取一升小豆，炒焦，用袋装好，浸入酒坛中，可以去除酒的酸味。

染坊染布后过滤出来的淡灰晒干后，用来包裹保存生的黄瓜、茄子，可以保存到冬天再吃。

用松毛包裹保存橘子，放三四个月都不会变干。也可以用把橘子放入绿豆中保存。

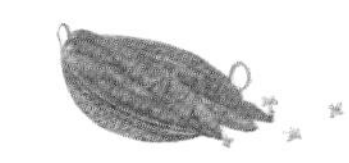

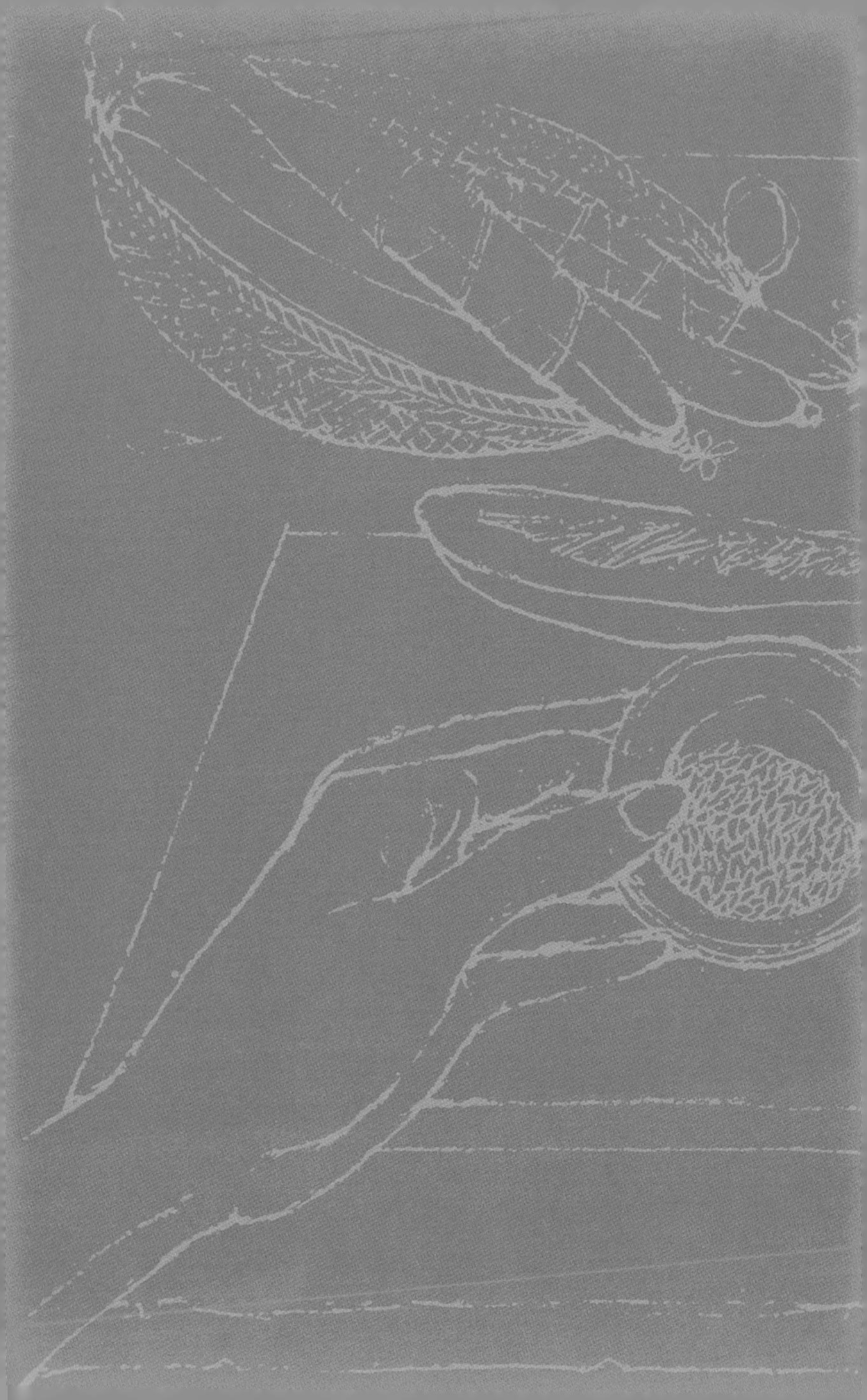

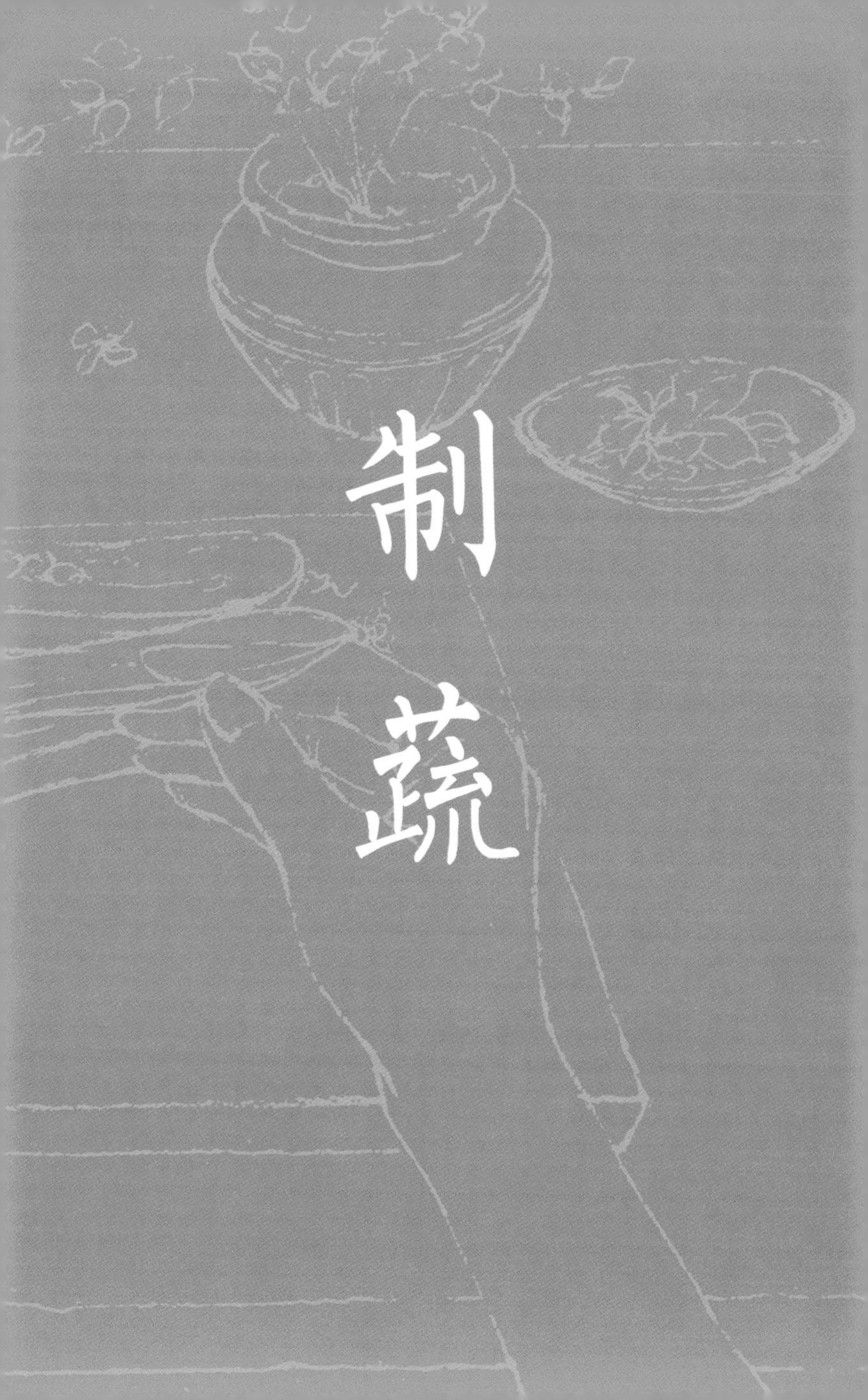

制蔬

配盐瓜菽[1]

【原文】

老瓜、嫩茄合五十斤，每斤用净盐二两半。先用半两腌瓜、茄一宿，出水。次用橘皮五斤、新紫苏连根三斤、生姜丝三斤、去皮杏仁二斤、桂花四两、甘草二两、黄豆一斗、煮酒五斤，同拌，入瓮，合满，捺实。箬五层，竹片捺定，箬裹泥封，晒日中。两月取出，入大椒[2]半斤，茴香、砂仁各半斤，匀晾晒在日内，发热，乃酥美。黄豆须拣大者，煮烂，以麸皮[3]罨[4]热。去麸皮，净用。

【注释】

〔1〕菽：豆类的总称。

〔2〕大椒：花椒。

〔3〕麸皮：小麦的皮屑。

〔4〕罨：覆盖。

【译文】

老瓜、嫩茄共五十斤，每斤用净盐二两半。先用半两盐腌制瓜、茄一晚上，去除水分。再用五斤橘皮、三斤连根的新紫苏、三斤生姜丝、二斤去皮杏仁、四两桂花、二两甘草、一斗黄豆、五斤煮酒，同瓜、茄搅拌，放入瓮中，放满，按实。盖上五层箬叶，用竹片固定，再用箬叶和泥土封住瓮口，在中午时晒。两个月后取出瓮中之物，放入半斤花椒，茴香、砂仁各半斤，在太阳下均匀晾晒，使食材晒热，味道就会变得很好。须挑选大颗的黄豆，煮烂，用麸皮覆盖使之发热。去除麸皮，即可享用。

糖蒸茄

【原文】

牛妳茄[1]嫩而大者，不去蒂，直切成六稜[2]。每五十斤用盐一两，拌匀，下汤焯，令变色，沥干。用薄荷、茴香末夹在内，砂糖三斤、醋半钟[3]浸三宿，晒干，还卤。直至卤尽茄干，压匾，收藏之。

【注释】

〔1〕牛妳茄：妳，同“奶”。又称“青丝茄”、“竹丝茄”。茄体大，皮厚、柔嫩、味鲜，成熟较早，一般在芒种后上市，多用于熟食。

〔2〕稜：同“棱”。

〔3〕钟：酒盅。

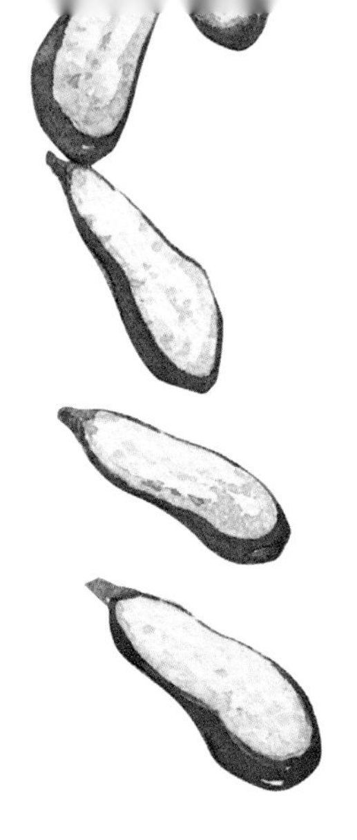

【译文】

取嫩且大的牛奶茄，不去掉茄蒂，切成六棱。每五十斤牛奶茄用一两盐，搅拌均匀后，放入热水中焯，使茄子变色后，沥干水分。用薄荷、茴香末夹在茄子中，再用三斤砂糖、半盅醋浸泡三晚，晒干，再卤制。直到卤汁收尽茄子晒干，将茄子压扁后储存。

酿瓜

酿瓜

【原文】

青瓜坚老而大者，切作两片，去穰[1]，略用盐出其水。生姜、陈皮、薄荷、紫苏俱切作丝，茴香、炒砂仁、砂糖拌匀，入瓜内，用线扎定成个，入酱缸内。五六日取出，连瓜晒干，收贮，切碎了晒。

【注释】

〔1〕穰：同“瓤”。

【译文】

将老而大的青瓜切成两片，挖去瓜瓤，用少许盐腌出水分。将生姜、陈皮、薄荷、紫苏都切成丝，和茴香、炒砂仁、砂糖搅拌均匀，放入青瓜内，再用线将两片瓜合拢扎成一个，放入酱缸内。五六天后取出，香料和瓜一起晒干，即可收起来储藏，也可以把瓜切碎了晒。

蒜瓜

【原文】

秋间小黄瓜一斤，石灰、白矾[1]汤焯过，控干。盐半两，醃一宿。又盐半两、剥大蒜瓣三两，捣为泥，与瓜拌匀，倾入醃下水中，熬好酒、醋浸着，凉处顿放。冬瓜、茄子同法。

【注释】

〔1〕白矾：即明矾。用含明矾的水焯蔬菜，能利用明矾的抗氧化性使蔬菜保鲜。

【译文】

取一斤秋天的小黄瓜，用石灰、白矾水焯过，沥干水分。小黄瓜加半两盐，腌制一晚。再用半两盐、三两剥好的大蒜瓣，捣成蒜泥，和小黄瓜搅拌均匀，倒入先前腌瓜的卤水中，和好酒、醋一同浸泡，放在阴凉处。冬瓜、茄子也可以用相同的做法。

三煮瓜

【原文】

青瓜坚老者切作两片。每一斤用盐半两，酱一两，紫苏、甘草少许，腌。伏时连卤，夜煮日晒，凡三次。煮后晒。至雨天，留甑上蒸之，晒干，收贮。

【译文】

取老青瓜，切作两片。每一斤青瓜用半两盐，一两酱，少许紫苏、甘草，腌制。卤制一整天，晚上熬煮，白天晒干，重复多次。煮后再晒。如果遇上雨天，就将瓜放在甑上蒸，等到晴天再晒干储藏。

蒜苗干

【原文】

蒜苗切寸段，一斤，盐一两。淹出臭水，略晾干，拌酱、糖少许，蒸熟，晒干，收藏。

【译文】

把蒜苗切成一寸长的蒜苗段，每一斤蒜苗用一两盐。腌制出臭水后，将蒜苗段略微晒干，拌上少许酱、糖，蒸熟，晒干后储存。

藏芥

【原文】

芥菜肥者不犯水，晒至六七分干，去叶。每斤盐四两，淹一宿，取出。每茎扎成小把，置小瓶中，倒沥尽其水。并煎醃出水，同煎。取清汁，待冷，入瓶，封固，夏月〔1〕食。

【注释】

〔1〕 夏月：夏天。

【译文】

取肥美的芥菜，不要用水洗，直接晒干六七分，去除叶子。每斤芥菜用四两盐，腌制一晚后取出。每棵扎成小把，放在小瓶中，倒放沥干水分。将腌出的水和沥出的水一同烧开。取其中的清汁，待冷却后，倒入瓶中，封住瓶口，夏天食用。

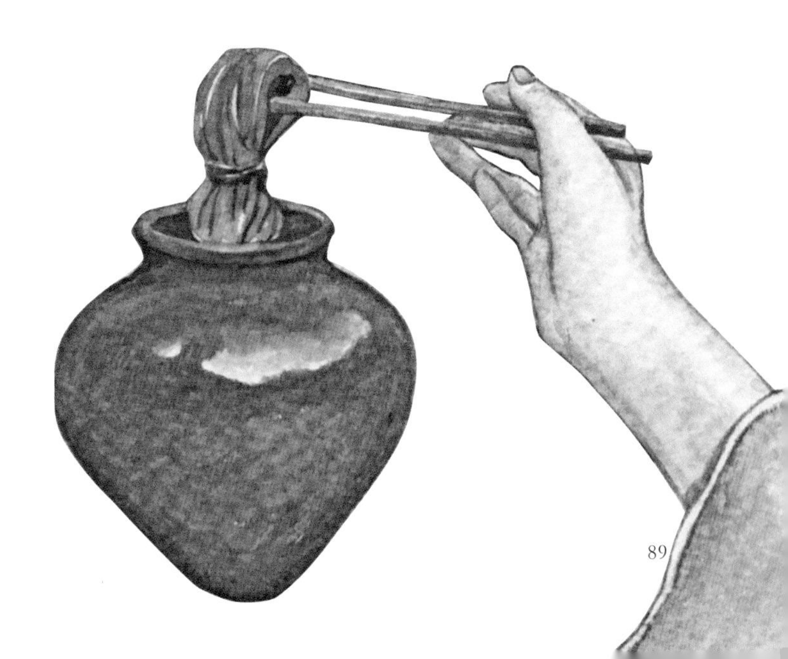

芥辣

【原文】

二年陈芥子[1]，碾细，水调，纳实椀内，韧纸封固。沸汤三五次泡出黄水，覆冷地上。顷后有气，入淡醋解[2]开，布滤去查[3]。

【注释】

〔1〕芥子：即“芥末”。一年生或二年生草本植物。种子黄色，有辣味，磨成粉末，用作调味品。

〔2〕解：消解，消除。

〔3〕查：同“渣”。

【译文】

取储存了两年的陈芥子，碾细，稍加水调和，在碗底按实，用韧纸封住碗口。三五次倒入滚水，泡出黄水，放在地上冷却。一会儿后有气体冒出，加入淡醋消除气体，再用布过滤去除固渣。

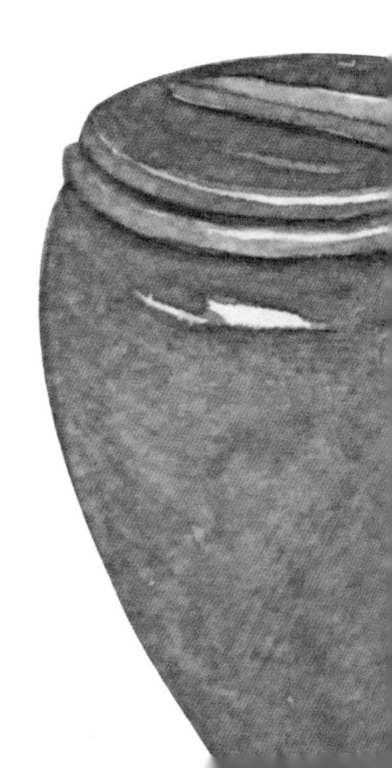

酱佛手、香橼、梨子

【原文】

梨子带皮入酱缸内，久而不坏。香橼去穰，酱皮。佛手全酱。新橘皮、石花[1]、面筋皆可酱食，其味更佳。

【注释】

〔1〕石花：梅衣科植物石梅衣的地衣体。夏、秋季采挖，去泥土、杂石，洗净，晒干。

【译文】

梨带皮放入酱缸中，放久了梨也不会变质。香橼去除瓤，香橼皮可酱制。佛手整个酱制。新鲜橘皮、石花、面筋都可以酱制食用，味道会更好。

糟茄子法

【原文】

五茄六糟盐十七，更加河水甜如蜜。茄子五斤、糟六斤、盐十七两、河水两三碗，拌糟，其茄味自甜。此藏茄法也，非暴[1]用者。

【注释】

〔1〕暴：急。

【译文】

俗话说“五茄六糟盐十七，更加河水甜如蜜”。意思是取五斤茄子、六斤糟、十七两盐、两三碗河水，和糟搅拌，那么茄子的味道自然就甜了。这是储存茄子的方法，不是马上能食用的做法。

糟萝卜方

【原文】

萝卜一斤，盐三两。以萝卜不要见[1]水，揩净，带须半根晒干。糟与盐拌过，少入萝卜，又拌过，入瓮。此方非暴吃者。

【注释】

〔1〕见：表示被动，相当于“被”。

【译文】

每一斤萝卜用三两盐。萝卜不要水洗，擦干净，带须切半晒干。将糟与盐搅拌，接着放入晒干的萝卜中，再搅拌均匀，放入瓮中储存。这个方法不是马上食用的做法。

糟姜方

【原文】

姜一斤、糟一斤、盐五两，拣社日[1]前可糟。不要见水，不可损了姜皮，用干布擦去泥，晒半干后，糟、盐拌之，入瓮。

【注释】

〔1〕社日：古时春、秋两次祭祀土神的日子，一般在立春、立秋后第五个戊日。宗懔《荆楚岁时记》："社日，四邻并结综会社，牲醪，为屋于树下，先祭神，然后飨其胙。"

【译文】

一斤姜、一斤糟、五两盐，要在社日前糟制。姜不要沾水，也不可以使姜皮破损，用干布擦去泥土，晒半干后，用糟、盐和姜搅拌，放入瓮中。

做蒜苗方

【原文】

苗用些少盐，淹一宿，晾干。汤焯过，又晾干。以甘草汤拌过，上甑蒸之，晒干，入瓮。

【译文】

蒜苗用些许盐腌制一晚，晾干。在沸水中焯过蒜苗，再晾干。用煮开的甘草水拌过，将蒜苗放上甑蒸熟，晒干，放入瓮中。

三和菜

【原文】

淡醋一分、酒一分、水一分、盐、甘草，调和其味得所。煎滚，下菜苗丝、橘皮丝各少许，白芷[1]一二小片糁[2]菜上。重汤顿，勿令开，至熟，食之。

【注释】

〔1〕白芷：伞形科，当归属。有兴安白芷、杭白芷和川白芷等。根入药，性温、味辛，功能祛风、散寒、燥湿，主治感冒风寒、头痛、眉棱骨疼、牙痛、鼻渊、寒湿白带等症。亦可作香料调味品，有去腥增香的作用。

〔2〕糁：散布的粒状物。此处指散布，放置。

【译文】

取一分淡醋、一分酒、一分水、适量的盐和甘草，调好味道。煮滚后，放入菜苗丝、橘皮丝各少许，并在菜上放一二片白芷。再次烧，期间不要打开锅盖，等菜烧熟了即可食用。

【原文】

菘菜[1]嫩茎，汤焯半熟，纽干，切作碎段。少加油略炒过，入器内，加醋些少，停少顷，食之。

取红细胡萝卜切片，同切芥菜。入醋，略腌片时，食之甚脆。仍用盐些少，大小茴香[2]、姜、橘皮丝同醋共拌，腌食。

【注释】

[1] 菘菜：叶阔大，色白的叫白菜，淡黄的叫黄芽菜。

[2] 大小茴香：茴香，伞形科，多年生宿根草本。全株具强烈芳香，表面有白粉。栽培品种有小茴香、大茴香和球茎茴香。嫩茎和嫩叶作香辛蔬菜，果实作香料。果实入药，性温、味辛，功能温肝肾、暖胃气、散寒结，主治脘腹胀满、寒疝腹痛等症。

【译文】

取菘菜的嫩茎，用沸水焯半熟，扭干，切成碎段。菘菜段加少量油稍微翻炒，放入盛器内，加入少许醋，放一会儿，就可以食用了。

取细的胡萝卜切成片，芥菜也切好。倒入醋，稍微腌制一会儿，吃起来口感很脆。再用些许盐、大小茴香、姜、橘皮丝和醋一起搅拌，腌制后食用。

胡萝卜鲊

【原文】

切作片子，滚汤略焯，控干。入少许葱花、大小茴香、姜、橘丝、花椒末、红曲，研烂，同盐拌匀，罨[1]一时，食之。

又方：白萝卜、茭白生切，笋，煮熟，三物俱同此法作鲊，可供食。

【注释】

〔1〕罨：覆盖，掩盖。

【译文】

将胡萝卜切成片，用沸水稍微焯一下，沥下水分。放入少许葱花、大小茴香、姜、橘丝、花椒末、红曲，研磨细碎，和盐一起搅拌均匀，在胡萝卜片上覆盖一会儿，即可食用。

另一种方子：生的白萝卜、茭白切成片，笋，煮熟，这三种食材都可以用这种方法制成鲊，可供食用。

蒜菜

【原文】

用嫩白蒜菜切寸段，每十斤用炒盐四两，每[1]醋一碗、水二碗，浸菜於[2]瓮内。

【注释】

〔1〕疑脱“斤”字，每斤菜用一碗醋、二碗水。

〔2〕於：同“于”。

【译文】

用嫩白的蒜菜切成一寸长的段，每十斤用四两炒盐，每斤用一碗醋、二碗水，将蒜菜浸泡在瓮中。

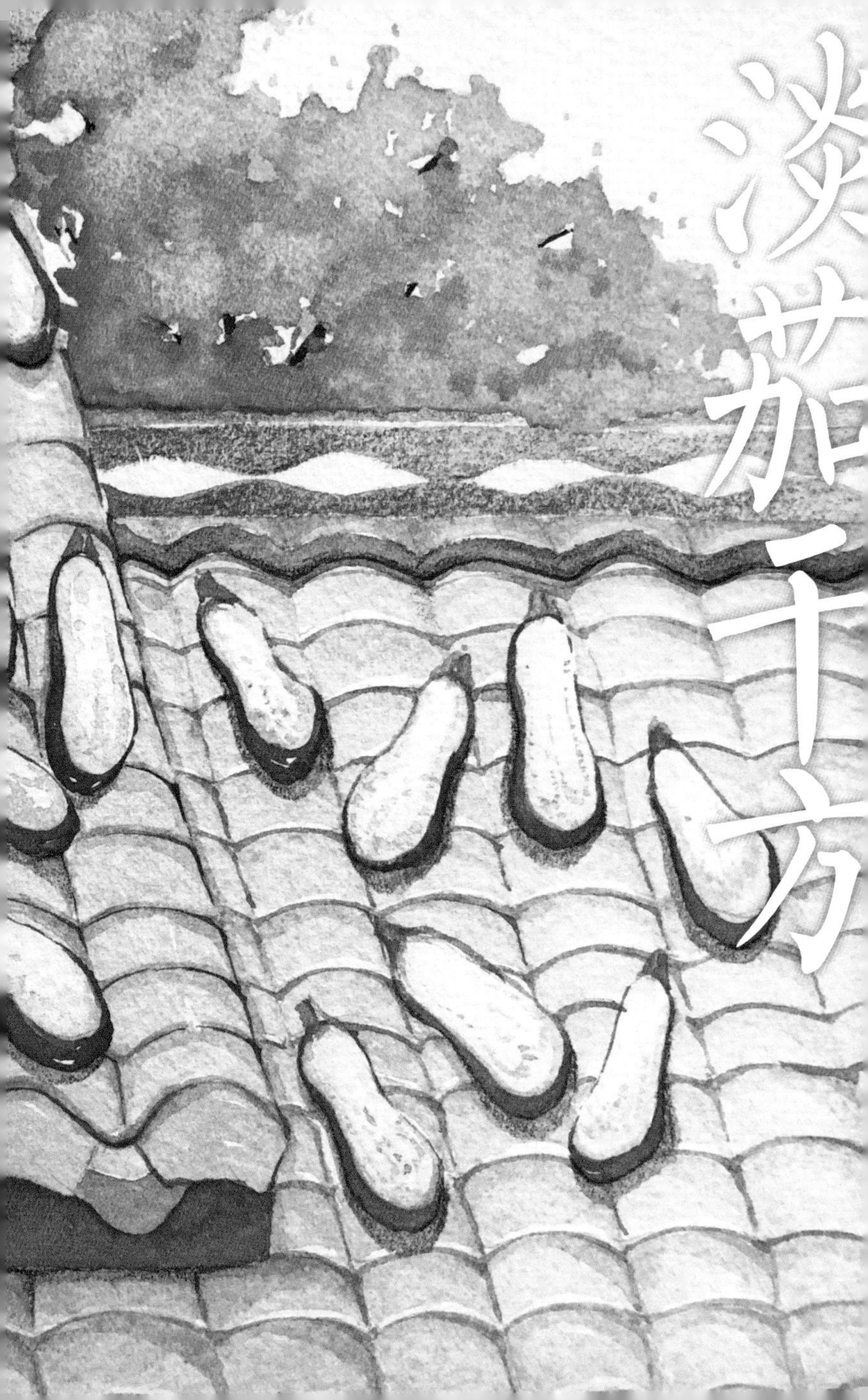
淡茄干方

淡茄干方

【原文】

用大茄，洗净，锅内煮过，不要见水。擘[1]开，用石压干。趂[2]日色晴，先把瓦晒热，摊茄子於瓦上，以干为度。藏至正二月内，和物匀，食其味如新茄之味。

【注释】

〔1〕擘：同“掰”。

〔2〕趂：同“趁”。

【译文】

取大茄，洗干净，不要加水，直接放入锅内煮。掰开，用石头压干水分。趁天晴，先将瓦晒热，将茄子摊在瓦上，晒干为止。可以储藏到阴历正月、二月，将茄子干和其他食材一起调匀，吃起来和新鲜茄子的味道一样。

盘酱瓜茄法

【原文】

黄子[1]一斤、瓜一斤、盐四两。将瓜擦原腌瓜水，拌匀酱黄，每日盘[2]二次，七七四十九日入罈。

【注释】

〔1〕黄子：豆饼经过发酵，表面生成的黄绿色曲菌孢子，用作发酵豉、酱。

〔2〕盘：翻。

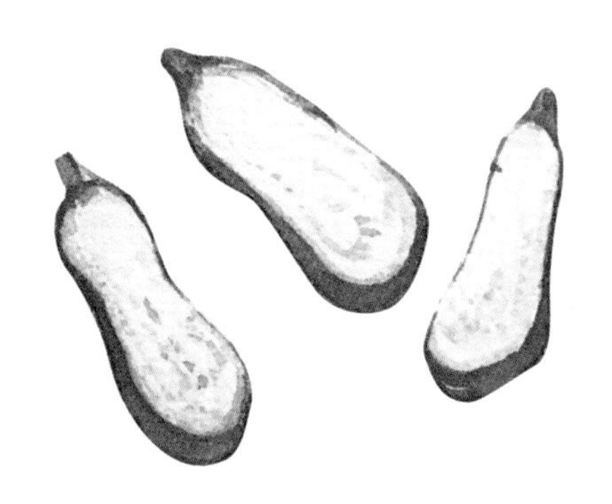

【译文】

准备一斤黄子、一斤瓜、四两盐。先用盐使瓜腌制出水，再将瓜擦上此水，和酱、黄子搅拌均匀，每天翻两次，七七四十九天后放入坛中。

干闭瓮菜

【原文】

菜十斤，炒盐四十两，用缸腌菜。一皮[1]菜，一皮盐，腌三日，取起。菜入盆内，揉一次，将另过一缸，盐滷[2]收起听用。又过三日，又将菜取起，又揉一次，将菜另过一缸，留盐汁听用。如此九遍完，入瓮内。一层菜上，洒花椒、小茴香一层，又装菜如此，紧紧实实装好。将前留起菜滷，每罈泼三碗，泥起，过年可吃。

【注释】

〔1〕皮：层。

〔2〕滷：同“卤”。

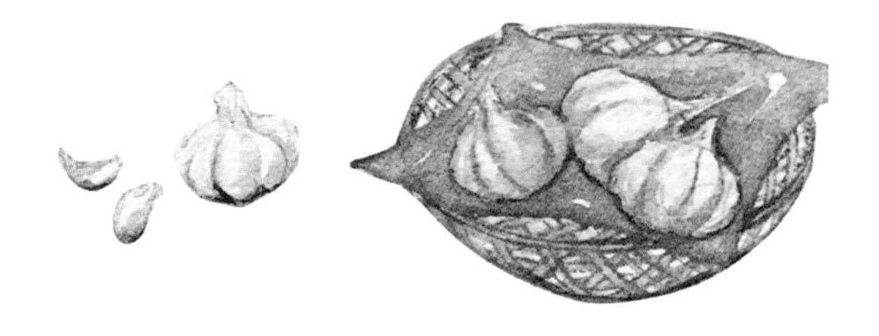

【译文】

准备十斤菜、四十两炒盐，用缸腌制菜。一层菜，一层盐，腌制三天后，将菜取出。把菜放入盆内，揉一次，再放在另一个缸内，第一个缸内的盐卤收集起来备用。三天后，将菜从缸中取出，再揉一次，再放到另一个缸中，揉出的盐汁备用。如此九遍完毕，将菜放入瓮内。放一层菜，上面洒一层花椒、小茴香，像这样装菜，要将菜紧紧实实地装好。每坛菜中浇上三碗之前备好的菜卤，用泥封住坛口，过一年后可以食用。

撒拌和菜

撒拌和菜

【原文】

将麻油入花椒，先时熬一二滚，收起。临用时，将油倒一碗，入酱油、醋、白糖些少，调和得法安起。凡物用油拌的，即倒上些少，拌吃绝妙。如拌白菜、豆芽、水芹，须将菜入滚水焯熟，入清水漂着。临用时榨干，拌油方吃。菜色青翠不黑，又脆，可口。

【译文】

在麻油中放入花椒，先烧滚一两次，将油盛起。到用时，倒一碗熬好的花椒油，放入少许酱油、醋、白糖，调好味后放好备用。凡是需要用油拌的食物，就倒上一些，拌着菜吃味道极好。比如拌白菜、豆芽、水芹，先需要将菜放入滚水中焯熟，再放入清水冷却。要吃时取菜沥干，拌上调好味的花椒油现吃。菜不仅颜色青翠不黑，而且香脆可口。

蒸干菜

【原文】

将大窠好菜择、洗净、干，入沸汤内，焯五六分熟，晒干。用盐、酱、莳萝、花椒、砂糖、橘皮同煮，极熟。又晒干，并蒸片时，以磁器[1]收贮。用时着香冲揉，微用醋，饭上蒸食。

【注释】

〔1〕 磁器：原指磁州出产的瓷制品，后泛指瓷器。

【译文】

将大棵的好菜择好、洗净、沥干，放入沸水中，焯五六分熟，晒干。将菜和盐、酱、莳萝、花椒、砂糖、橘皮一起煮，煮熟透。再次晒干后，再蒸一会儿，用瓷器储存。食用前把香料放在菜上揉搓，再稍加点醋，在饭上蒸熟食用。

鹌鹑茄

【原文】

拣嫩茄，切作细缕，沸汤焯过，控干。用盐、酱、花椒、莳萝、茴香、甘草、陈皮、杏仁、红豆研细末，拌匀，晒干，蒸过收之。用时以滚汤泡软，蘸香油煠[1]之。

【注释】

〔1〕煠：同“炸”。

【译文】

选嫩茄，切成细丝，用沸水焯过，沥干。将盐、酱、花椒、莳萝、茴香、甘草、陈皮、杏仁、红豆研成细末，和嫩茄丝搅拌均匀，晒干，蒸好后收起备用。食用时用沸水将嫩茄泡软，蘸上香油油炸。

食香瓜茄

【原文】

不拘多少，切作棊[1]子。每斤用盐八钱，食香[2]同瓜拌匀，於缸内醃一二日取出，控干。日晒，晚复入卤水内，次日又取出晒，凡经三次。勿令太干，装入罈内用。

【注释】

〔1〕棊：同“棋”。

〔2〕食香：又称“十香”，混合在一起的各种香料。

【译文】

瓜茄多少都可，切成棋子大小。每斤瓜茄用八钱盐，食香和瓜一起搅拌均匀，在缸内腌制一两天后取出，沥干。白天将瓜茄晒干，晚上再放入卤水中，第二天再取出晒，像这样多次。不要使瓜茄晒得太干，装入坛内待食用。

糟瓜茄

【原文】

瓜茄等物每五斤，盐十两，和糟拌匀。用铜钱五十文逐层铺上，经十日取钱，不用。别换糟，入瓶。收久，翠[1]色如新。

【注释】

〔1〕翠：色调鲜明。

【译文】

每五斤瓜、茄等食材，用盐十两，和糟一起搅拌均匀。每放一层瓜、茄，铺上一层五十文的铜钱，十日后将铜钱取出，不再需要使用。不用换新的糟，放入瓶中。这样储藏的时间久了，瓜、茄还能保持像新鲜时的颜色。

茭白鲊

【原文】

鲜茭切作片子，焯过，控干。以细葱丝、莳萝、茴香、花椒、红曲研烂，并盐拌匀，同腌一时，食。藕梢鲊同此造法。

【译文】

新鲜茭白切成片，焯过，沥干水分。将细葱丝、莳萝、茴香、花椒、红曲研磨细碎，和盐一起搅拌均匀，和茭白片一起腌制一会儿，即可食用。藕梢鲊也是这个做法。

糖醋茄

【原文】

取新嫩茄，切三角块，沸汤漉过，布包榨干，盐淹一宿。晒干，用姜丝、紫苏拌匀，煎滚糖醋泼浸，收入磁器内。瓜同此法。

【译文】

取新鲜的嫩茄子，切成三角块，在沸水焯过，用布包住拧干水分，再用盐腌制一晚。将腌好的茄子晒干，再用姜丝、紫苏搅拌均匀，煎烧开的糖醋汁淋在茄子上，使之浸没，保存在瓷器中。瓜也可以用这种做法烧制。

蒜冬瓜

【原文】

拣大者，去皮、穰，切如一指濶[1]。以白矾、石灰煎汤焯过，漉出，控干。每斤用盐二两、蒜瓣三两，捣碎，同冬瓜装入磁器，添以熬过好醋，浸之。

【注释】

〔1〕濶：同“阔”。

【译文】

挑选大的冬瓜，去除皮和瓤，切成一指宽。以白矾、石灰加入水中煮沸，把冬瓜焯过，过滤，沥干水分。每斤冬瓜用二两盐、三两蒜瓣，将盐和蒜瓣捣碎，和冬瓜一起装入瓷器，加上煮过的好醋，浸泡。

醃盐韭法

【原文】

霜前，拣肥韭无黄梢者，择净，洗，控干。於磁盆内铺韭一层，糁盐一层，候盐、韭匀铺尽为度，醃一二宿，翻数次，装入磁器内。用原卤加香油少许，尤妙。

【译文】

在下霜前，挑选肥美没有黄梢的韭菜，择干净，清洗，沥干水分。在瓷盆内每铺一层韭菜，撒上一层盐，像这样直到盐和韭菜铺完了为止，腌制一二晚，翻动几次韭菜，装进瓷器中。加少许原卤、香油，滋味尤其美妙。

造穀菜法

【原文】

用春不老[1]菜薹[2]，去叶，洗净，切碎，如钱眼子大。晒干水气，勿令太干。以姜丝炒黄豆大。每菜一斤，用盐一两，入食香，相停揉回卤性，装入罐内，候熟随用。

【注释】

〔1〕春不老：即雪里蕻。一二年生的草本植物，是芥菜的一个变种，常用来腌制咸菜。雪里蕻耐寒能力强，在南方能过冬直至第二年春天。用雪里蕻腌制的咸菜仍然是碧绿色的。

〔2〕菜薹：又称“菜心”、“菜尖”。十字花科。一年生草本。食嫩薹和叶。为中国华南地区的主要蔬菜。芸薹属白菜亚种中以食用嫩花薹的一类蔬菜，如油菜薹（白菜型）、紫菜薹、菜心等也通称为菜薹。

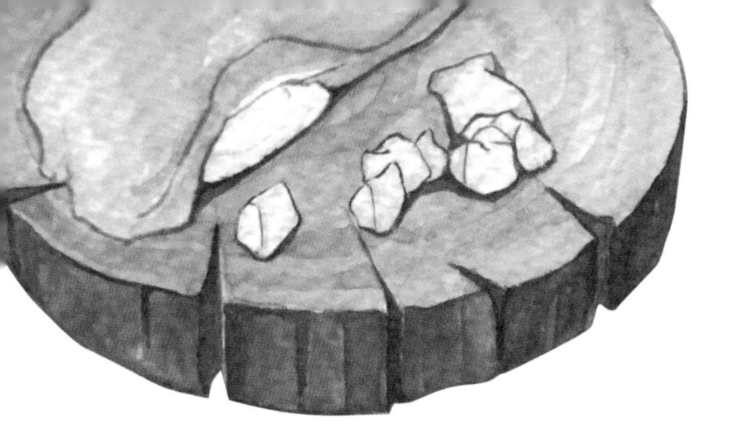

【译文】

取春不老的菜心，去掉叶子，洗干净，切成像钱眼子大小。晒干菜的水汽，但不要太干。用姜丝将菜心炒成黄豆大小。每一斤菜用一两盐，放入食香，不停地揉搓使卤汁出现，装进罐内，等到菜腌熟，就可随时取用。

黄芽菜

【原文】

将白菜割去梗、叶，止[1]留菜心。离地二寸许，以粪土壅[2]平，用大缸覆之。缸外以土密壅，勿令透气。半月后取食，其味最佳。

【注释】

〔1〕止：通“只”。

〔2〕壅：用土壤或肥料培育植物的根部。此处指用泥土盖住有缝隙之处。

【译文】

取白菜，割去梗、叶，只保留菜心。在地下两寸左右的地方，埋入菜心，用粪土填平，再用大缸覆盖。在缸外用泥土密封缸口，不要使空气流通进入缸内。半个月后取出食用，黄芽菜的味道最好。

倒毒鯀菜

倒毒縣菜

【原文】

每菜一百斤，用盐五十两，醃了入罈，装实，用盐滷调毛灰[1]如干面。糊口上，摊过封好，不必草塞。用芥菜，不要落水，晾干。软了，用滚汤一焯，就起笊篱[2]，捞在筛子内晾冷，将焯菜汤晾冷。将筛子内菜用松盐[3]些少撒拌，入瓶后，加晾冷菜滷泼上，包好，安顿冷地上。

【注释】

〔1〕毛灰：指生石灰。

〔2〕笊篱：亦作“爪篱”。用竹篾、柳条、铁丝等编成的一种长柄杓形用具，能漏水，用来在油、汤里捞东西。吴承恩《西游记》第四十六回：“刽子手将一把铁笊篱，在油锅里捞。”

〔3〕松盐：碎盐。

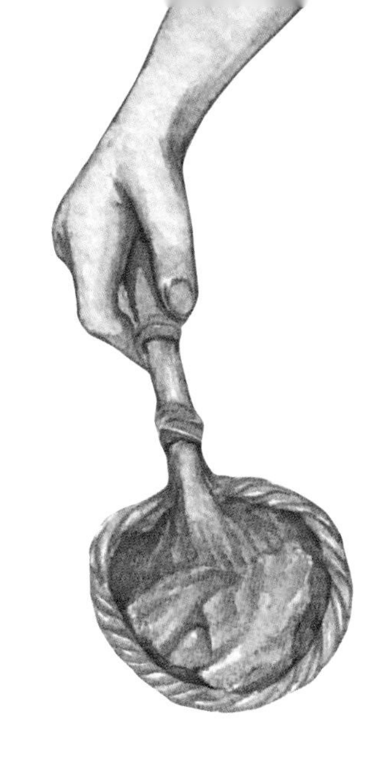

【译文】

每一百斤菜，用五十两盐，腌制好放入坛中，将菜装实，用盐卤调和生石灰直到像干面一样，糊在坛口，将糊摊开封住坛口，不必用草塞。用芥菜的话，不要沾水，要晒干。芥菜晒软了，用沸水一焯，拿笊篱捞起，放在筛子上冷却，把焯过芥菜的汤也冷却。将放在筛子上的芥菜撒上少许碎盐搅拌，放入瓶中，将冷却了的菜卤浇入瓶中，包好瓶口，放在阴冷的地上保存。

笋鲊

【原文】

春间，取嫩笋，剥净，去老头[1]，切作四分[2]大、一寸长块，上笼蒸熟，以布包裹，榨作极干，投於器中。下油用，制造与麸鲊同。

【注释】

〔1〕老头：笋的根部，较硬的部分。

〔2〕分：量词，寸的十分之一。

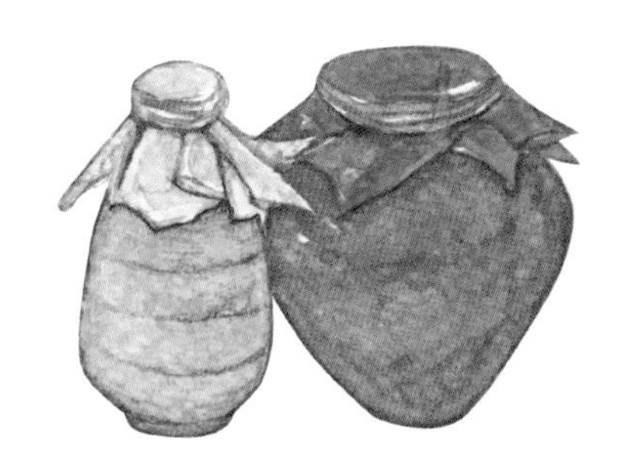

【译文】

春天时节，选取嫩笋，剥净笋皮，去掉根部，切成四分宽、一寸长的条块，放上蒸笼蒸熟后，用布包裹，拧干水分，放入器皿中保存。用油拌了即可食用，和麸鲊的做法一样。

晒淡笋干

【原文】

鲜笋猫耳头[1]，不拘多少，去皮，切片条，沸汤焯过，晒干，收贮。用时，米泔水[2]浸软，色白如银。盐汤焯，即醃笋矣。

【注释】

〔1〕 猫耳头：笋的较嫩部分，形状如猫耳朵。

〔2〕 米泔水：淘米水。

【译文】

取新鲜笋像猫耳朵的较嫩部分，数量随意，剥去笋皮，切成片或者条，用沸水焯过，晒干后，收集储藏起来。食用的时候，用淘米水浸泡笋干使之变软，笋干呈现出银白色。如果用盐水焯笋，做出来的就是腌笋干了。

酒豆豉方

酒豆豉方

【原文】

黄子一斗五升，筛去面，令净。茄五斤、瓜十二斤、姜觔[1]十四两，橘丝随放，小茴香一升、炒盐四斤六两、青椒一斤，一处拌，入瓮中，捺实，倾金花酒或酒娘，醃过各物两寸许。纸、箬扎缚，泥封，露四十九日。罈上写“东”、“西”字记号，轮晒日满，倾大盆内，晒干为度，以黄草、布罩盖。

【注释】

〔1〕觔：同“筋”。

【译文】

用一斗五升的黄子，筛去面粉，使其纯净。五斤茄子、十二斤瓜、十四两姜筋，橘丝的量随意，一升小茴香、四斤六两炒盐、一斤青椒，和黄子一起搅拌均匀，放入瓮内，按实，倒入金花酒或酒酿，盖过食材两寸左右。用纸、竹叶盖住瓮口，再用泥土封住，露天存放四十九天。坛上写“东”、“西”字做为记号，每天轮流晒，直到晒满四十九天，将瓮内之物倒入大盆中，晒干为止，用黄草、布罩住盆口。

水豆豉法

【原文】

好黄子十斤，好盐四十两，金华甜酒十碗。先日，用滚汤二十碗，充调盐作滷，留冷，淀清，听用。将黄子下缸，入酒，入盐水，晒四十九日，完。方下大小茴香各一两、草果五钱、官桂五钱、木香三钱、陈皮丝一两、花椒一两、干姜丝半斤、杏仁一斤，各料和入缸内，又晒又打二日，将罈装起。隔年吃，方好。蘸肉吃，更妙。

【译文】

准备十斤品质上乘的黄子，四十两好盐，十碗金华甜酒。提前一天，用二十碗沸水冲调盐制作盐卤，冷却后淀清备用。将黄子放入缸内，倒入酒，倒入盐卤，晒四十九天才好。再放入各一两的大茴香和小茴香、五钱草果、五钱官桂、三钱木香、一两陈皮丝、一两花椒、半斤干姜丝、一斤杏仁，所有的材料搅拌均匀后放入缸中，边晒边搅拌两天后，用坛装好。第二年吃，味道才好。蘸肉吃，滋味更妙。

红盐豆

【原文】

先将盐霜梅[1]一个安在锅底下。淘净大粒青豆，盖梅。又将豆中作一窝，下盐在内。用苏木[2]煎水，入白矾些少，沿锅四边浇下，平豆为度。用火烧干，豆熟，盐又不泛而红。

【注释】

〔1〕 盐霜梅：李时珍《本草纲目》："取火青梅以盐汁渍之，日晒夜渍，十日成矣。久乃上霜。"

〔2〕 苏木：豆科植物苏木的干燥心材。多于秋季采伐，除去白色边材，干燥。苏木味甘、咸，性平。

【译文】

先在锅底放一个盐霜梅。将大颗的青豆淘洗干净，盖住梅。在豆子中挖一个小坑，把盐放在其中。用苏木煮水，放入少许白矾，沿着锅的周边浇入，直到水正好没过豆。用火烧干水，豆熟，吸收了盐分且变成红色。

蒜梅

【原文】

青硬梅子二斤，大蒜一斤，或囊剥净。炒盐三两，酌量水煎汤，停冷，浸之。候五十日后，卤水将变色，倾出，再煎其水，停冷，浸之，入瓶。至七月后，食，梅无酸味，蒜无荤气〔1〕也。

【注释】

〔1〕荤气：葱、蒜、韭菜等含有的刺激性气味。许慎《说文解字》：“蒜，荤菜。”“荤，臭菜也。”

【译文】

准备二斤青硬梅子，一斤大蒜，外皮剥干净。三两炒盐，放入适量的水煮成盐水，冷却后，浸泡梅子和大蒜。等到五十天后，卤水将要变色之际，倒出，将卤水煮开，冷却后，再浸泡梅子和大蒜，一起装入瓶中。等到七个月后，即可食用，梅子没有酸味，蒜没有辛辣味。

甜食

炒面方

【原文】

白面要重罗[1]三次，将入大锅内，以木爬炒得大熟。上卓[2]，古铲槌[3]碾细，再罗一次，方好。做甜食凡用酥油，须要新鲜，如陈了，不堪用矣。

【注释】

〔1〕罗：一种密孔筛。此处指用密孔筛过滤。

〔2〕卓：同“桌”，几案，桌子。

〔3〕古铲槌：用来碾压或轻击粉类的木槌。

【译文】

白面要用密孔筛过滤多次后，倒入大锅，用木爬炒熟透。将炒好的白面放上桌，用木槌碾细碎，再用密孔筛过滤一次，才可。做甜食凡要用到酥油，都需要保证所用的酥油新鲜，如果陈了，就不能使用了。

面和油法

【原文】

不拘斤两。用小锅，糖卤用二杓[1]。随意多少酥油下小锅，煎过，细布滤净。用生面随手下，不稀不稠，用小爬儿炒，至面熟方好。先将糖卤熬得有丝，棍蘸起，视之，可斟酌倾入油面锅内。打匀，掇起锅，乘[2]热拨在案[3]上，捍开，切象眼块。

【注释】

〔1〕杓：同“勺”。

〔2〕乘：趁着。

〔3〕案：有短腿放食物的木托盘。

【译文】

此方分量随意。用小锅，需要二勺糖卤。酥油随意多少，倒入小锅，煮开，用细布过滤。用手把生面撒入油锅内，使油面糊稀稠得当，用小爬儿拌炒，直到把生面炒熟才好。先将糖卤熬得有丝，能用棍子蘸起，看看可以了，再根据情况倒入炒好的油面锅内。搅拌均匀后，将锅端离火，趁热将锅内的混合物拨在木托盘上，擀开，切成像眼睛大小的块状。

雪花酥

〔1〕

【原文】

油下小锅化开，滤过，将炒面随手下，搅匀，不稀不稠，掇离火。洒白糖末，下在炒面内，搅匀，和成一处。上案，捍开，切象眼块。

【注释】

〔1〕 雪花酥：现在的雪花酥一般使用饼干、棉花糖、黄油，并添加奶粉、坚果、蔓越莓干以丰富口感。

【译文】

倒油入小锅化开，滤去油渣，用手将炒面撒入锅中，搅拌均匀，稀稠恰到好处，将锅端离火。在炒面内撒上白糖末，搅拌均匀，充分融合。将和好的面团放上案板，擀开后，切成像眼睛大小的块状。

洒孛你方

【原文】

用熬麽古料熬成，不用核桃。舀上案摊开，用江米[1]末围定，铜圈[2]印之，即是洒孛你。切象牙者，即名白糖块。

【注释】

[1] 江米：糯米。

[2] 铜圈：用铜制作的模具。

【译文】

用熬麽古料熬制，不需要核桃。舀起放上木托盘，擀开，包裹一层糯米粉，再用铜圈印好图案，洒字你就做好了。切成像牙齿的形状，就叫白糖块。

酥饼方

【原文】

油酥四两、蜜一两、白面一斤，搜成剂，入印，作饼，上炉。或用猪油，亦可，蜜用二两，尤好。

【译文】

四两油酥、一两蜜、一斤白面，和成一团，放入模具中，做成酥饼模样，上炉烘烤。有的用猪油，也是可以的，如此要用二两蜜，味道特别好。

油餅儿方

【原文】

面搜剂，包馅，作餅[1]儿，油煎熟。馅同肉饼法。

【注释】

〔1〕餅：饼。

【译文】

面和成一团，用来包馅，做饫儿，再用油煎熟。馅料和肉饼馅的做法一样。

酥儿印方

酥儿印方

【原文】

用生面搀豆粉同和，用手捍成条，如筋头大，切二分长，逐箇用小梳掠印齿花，收起。用酥油，锅内煠熟。漏杓捞起来，热洒白沙糖细末，拌之。

【译文】

将生面和豆粉一起和好，用手擀成一条，像筷头那么粗，切成二分长的小条，每条用小梳子按上齿花印子，放好。将酥油倒在锅内，再将小条放入炸熟。用漏勺捞起，趁热撒上细碎的白砂糖，搅拌均匀。

五香糕方

【原文】

上白糯米和粳米二、六分，芡实[1]干一分，人参、白术、茯苓、砂仁总一分，磨极细，筛过，用白沙糖滚汤拌匀，上甑。

【注释】

〔1〕芡实：芡的种子，又称“鸡头米”。供食用或酿酒。亦入药，性平、味甘涩，功能健脾、涩精，主治脾虚泄泻、遗精及带下等症。

【译文】

上等的白糯米二分，粳米六分，芡实干一分，人参、白术、茯苓、砂仁共一分，研磨得极细碎，用筛子过滤，和白砂糖、沸水搅拌均匀，放上甑蒸熟。

煮沙团方

【原文】

沙糖入赤豆，或菉豆，煮成一团，外以生糯米粉裹，作大团。蒸，或滚汤内煮，亦可。

【译文】

把砂糖放入赤豆，或者绿豆，煮熟成一团，外面裹上生的糯米粉，捏成一个个大团。直接蒸熟，或者放入沸水中煮，也是可以的。

粽子法

【原文】

用糯米淘净，夹枣、栗、柿干、银杏、赤豆，以茭叶[1]或箬叶裹之。一法：以艾叶浸米里，谓之艾香粽子。

【注释】

〔1〕茭叶：茭笋叶。

【译文】

将糯米淘洗干净，在糯米中夹杂枣、栗、柿干、银杏、赤豆，用茭笋叶，有的也用箬叶，包裹起来。另一种方法：用艾草叶和糯米一起浸泡，以此做成的就是艾香粽子。

玉灌肺方

【原文】

真粉[1]、油饼、芝蔴[2]、松子、胡桃、茴香六味，拌和成捲[3]，入甑蒸熟，切作块子，供食，美甚。不用油，入各物，粉或面同拌蒸，亦妙。

【注释】

〔1〕真粉：绿豆粉。

〔2〕蔴：同“麻”。

〔3〕捲：通“拳”。

【译文】

真粉、油饼、芝麻、松子、胡桃、茴香六味食材，搅拌均匀，做成拳头大小，放入甑内蒸熟，切成块状，即可食用，味道十分美妙。不用油，其他各种食材不变，和粉或面一起搅拌后蒸熟，味道也很不错。

馄饨方

【原文】

白面一斤、盐三钱和，如落索面[1]，更频入水，搜和为饼剂。少顷，操百遍，捬为小块，捍开，菉豆粉为焠[2]，四边要薄，入馅，其皮坚。

【注释】

〔1〕如落索面：将面用水抄匀，形成互补粘连的面穗。

〔2〕焠：制作面食时，为防止粘连，薄撒的粉。

【译文】

将一斤白面、三钱盐搅拌均匀，加入适量水抄匀，多次倒水揉捏，和成一块饼。过一会儿，揉捏多次，摘成小块，擀开，撒上一层绿豆粉，四边要擀薄，放入肉馅，如此馄饨皮坚实不容易破碎。

水滑面方

【原文】

用十分白面，揉、搜成剂。一斤作十数块，放在水内，候其面性发得十分满足，逐块抽、拽下汤煮熟，抽、拽得濶薄乃好。麻腻[1]、杏仁腻、醎[2]笋干、酱瓜、糟茄、姜、腌韭黄、瓜丝作虀头，或加煎肉，尤妙。

【注释】

〔1〕腻：滑泽，细腻。此处指细腻的糊。

〔2〕醎：同“鹹”。“鹹”为“咸”的繁体字。

【译文】

取十分白面，和成一团。一斤分成十几块面团，放在水中，等待面完全发酵，再一块块扯下放入热水中煮熟，扯下的面皮要又宽又薄才好。用芝麻糊、杏仁糊、咸笋干、酱瓜、糟茄、姜、腌韭黄、瓜丝做料，或是加上煎熟的肉，滋味十分美妙。

糖薄脆法

糖薄脆法

【原文】

白糖一斤四两，清油一斤四两，水二碗，白面五斤，加酥油、椒盐、水少许，搜和成剂。捍薄，如酒钟口大，上用去皮芝蔴[1]撒匀，入炉烧熟，食之香脆。

【注释】

〔1〕去皮芝麻：芝麻用于油脂生产时一般不脱皮。但因芝麻种皮中纤维和草酸盐含量较高，在直接使用时通常需要脱皮。脱皮后的芝麻不仅口感更佳，而且其蛋白质更容易被人体吸收。

【译文】

准备一斤四两白糖，一斤四两清油，两碗水，五斤白面，加少许酥油、椒盐、水，和成一团。将和好的面团擀成酒盅口大小的薄片，上面取脱皮芝麻，撒匀，放入火炉内烤熟，吃起来又香又脆。

糖榧方

【原文】

白面入酵[1]待发，滚汤搜成剂，切作榧子[2]样，下十分滚油煠过取出，糖面内缠之，其缠糖与面对和成剂。

【注释】

〔1〕酵：含有酵母的有机物，用来酿酒、制药、发面等。

〔2〕榧子：香榧，简称“榧”。红豆杉科。常绿乔木。种子核果状，广椭圆形，初为绿色，后为紫褐色，供食用，也可榨油或入药。

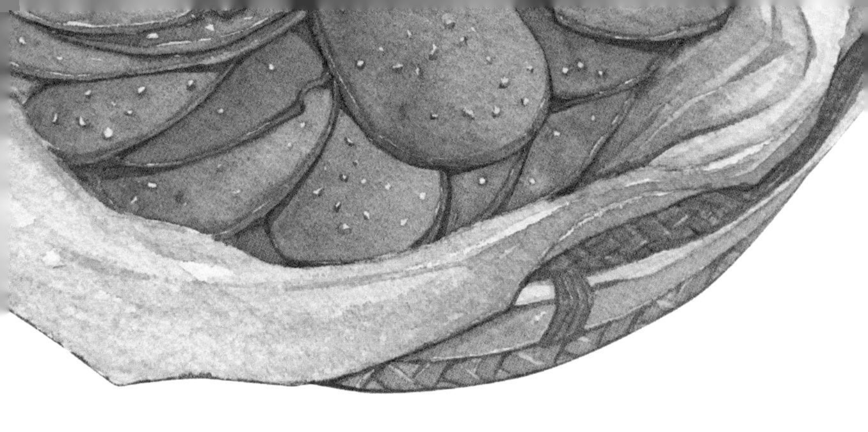

【译文】

在白面中放入酵母等待发酵，加上热水和成一团，切成榧子大小，放入滚开的热油中炸好取出。在白面的一侧缠上糖，再将白面与粘上糖的一面贴合成一块。

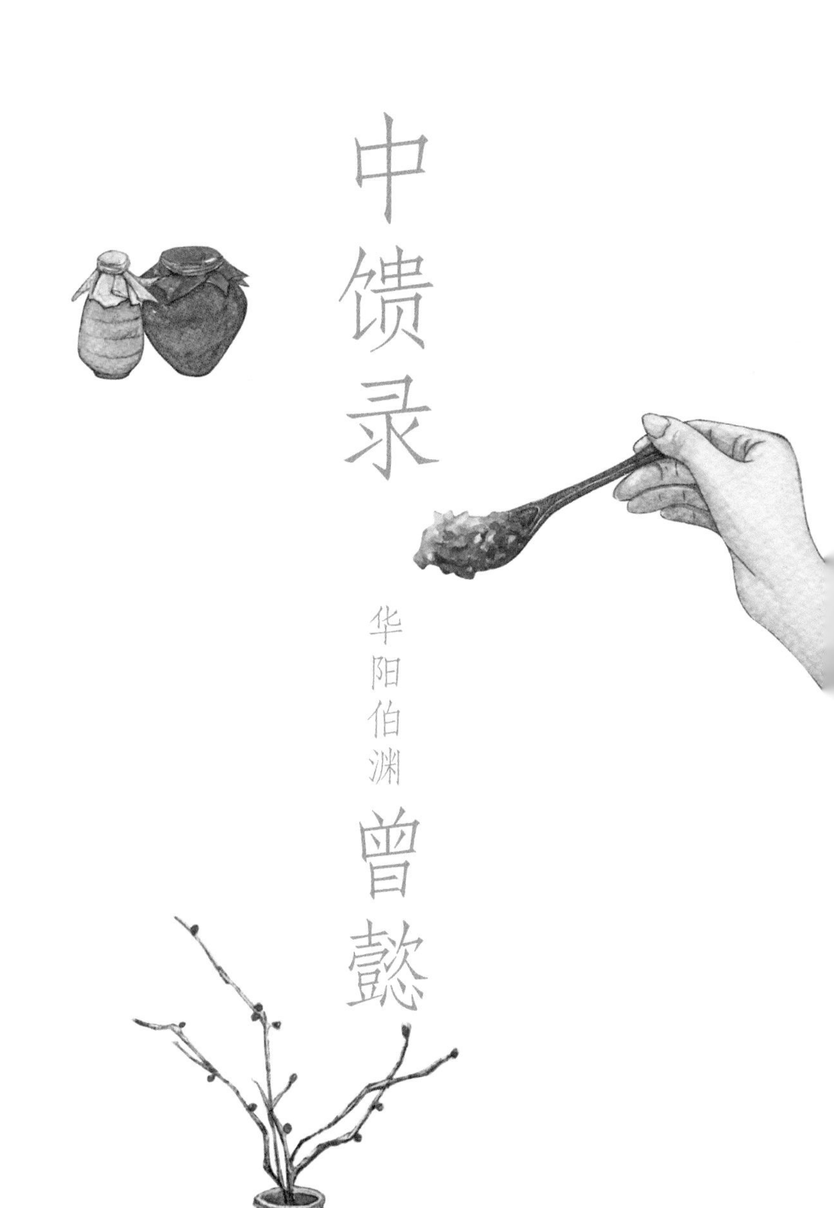

中馈录

华阳伯渊

曾懿

中馈总论

【原文】

昔蘋藻[1]咏於[2]《国风》[3]，羹汤调於新妇。古之贤媛淑女，无有不娴[4]於中馈者。故女子宜练习於于归[5]之先也。兹将应习食物制造各法，笔之於书，庶[6]使学者有所依归，转相效倣[7]，实行中馈之职务。《乡党》记孔子饮食之事不厌精细[8]，且於沽酒市脯[9]屏[10]之不食。其有合於此义乎？亦节用卫生之一助也。

【注释】

〔1〕 蘋藻：蘋，指浮萍。藻，指水藻。蘋藻，指食用和作祭品。

〔2〕 於：同“于”。

〔3〕 《国风》：《诗经》的一个组成部分。“蘋”“藻”见于《国风·召南·采蘋》

〔4〕 娴：熟练。

〔5〕 于归：女子出嫁。

〔6〕 庶：希望。

〔7〕 倣：同“仿”。

〔8〕 不厌精细：厌，满足。不厌精细，越精细越好。《论语·乡党》："食不厌精，脍不厌细。"

〔9〕 沽酒市脯：沽，指卖。市，指买。沽酒市脯，指买来的酒和肉。

〔10〕 屏：去除。

【译文】

从前，《国风》中就有咏诵妇女采摘蘋藻作祭品之事，也有吟诵新嫁的媳妇洗手作羹汤之事。古代贤惠的女子，没有不娴熟烹调的。所以女子最好在出嫁前就练习烹调。现在，我把主妇们应该习得的制作食物的各种方法，写在这本书上，希望能使学习的人有所依据，相互传授、摹仿，得以实践中馈之职责。《乡党》中记载孔子吃饭越精细越好，而且不喝买来的酒，不吃买来的肉。中馈大概也暗合了孔子之意吧？况且这也有助于节俭、卫生。

第一节 制宣威火腿法

【原文】

猪腿选皮薄肉嫩者，剜[1]成九斤或十斤之谱[2]。权[3]之，每十斤用炒盐六两、花椒二钱、白糖一两。或多或少，照此加减。先将盐碾细，加花椒炒热，用竹针[4]多刺厚肉上，盐味即可渍入。先用硝水[5]擦之，再用白糖擦之，再用炒热之花椒盐擦之。通身擦匀，尽力揉之，使肉輭[6]如棉。将肉放缸内，余盐洒在厚肉上。七日翻一次，十四日翻两次，即用石板压紧，仍数日一翻。大约腌肉在冬至时，立春后始能起卤。出缸悬於有风日处，以阴干为度[7]。

【注释】

〔1〕剜：刻，挖。此处指切，割。

〔2〕谱：表示约数，相当于“左右”。

〔3〕权：秤锤。此处指用秤称。

〔4〕竹针：古代针具之一。即用竹子制成的针。相传竹针为最早的针具。

〔5〕 硝水：烹饪佐料。用火硝或皮硝加水熬制而成。

〔6〕 輭：同“软”。

〔7〕 度：计量长短的标准。此处指限度，适度。

【译文】

选皮薄肉嫩的猪腿，大概切九斤十斤左右。称切好的猪腿，每十斤猪腿用六两炒盐、二钱花椒、一两白糖。具体用多少，按这个比例增减。先将盐碾碎，加花椒炒热，用竹针多次刺肉厚的地方，那么盐味就可以渗入肉中。先用硝水擦肉，再用白糖擦，再用炒热的花椒盐擦。把整个猪腿都均匀擦好，用力揉捏，使肉柔软如棉。将肉放进缸中，剩下的盐洒在肉厚的地方。第七天将猪腿翻面，第十四天再翻一次面，翻好后要马上用石板压实，仍旧保持几天翻一次的频率。一般在冬至腌肉，立春后才能将猪腿从卤汁中取出。将猪腿从缸中取出后，悬挂在通风之处，猪腿阴干了即可。

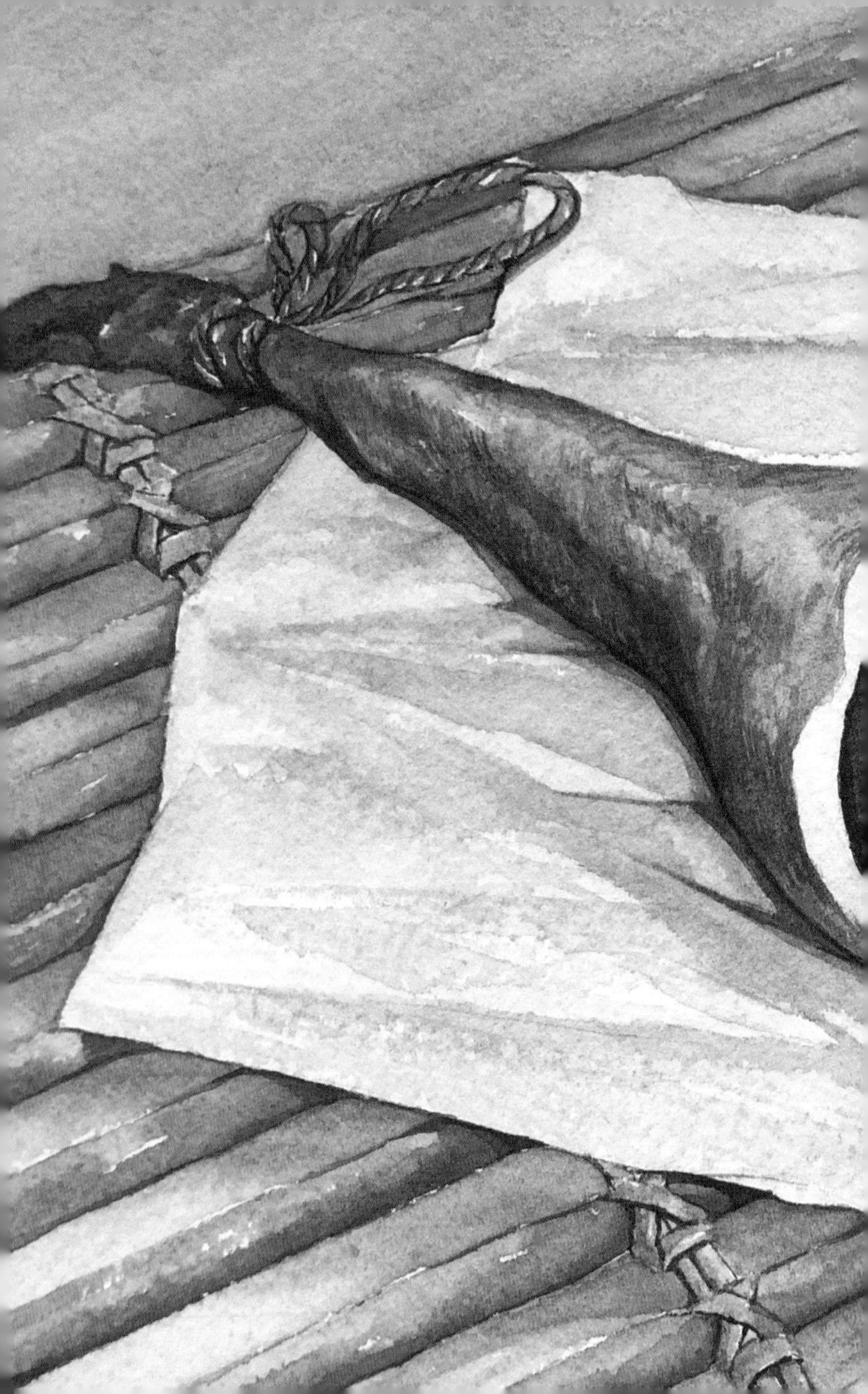

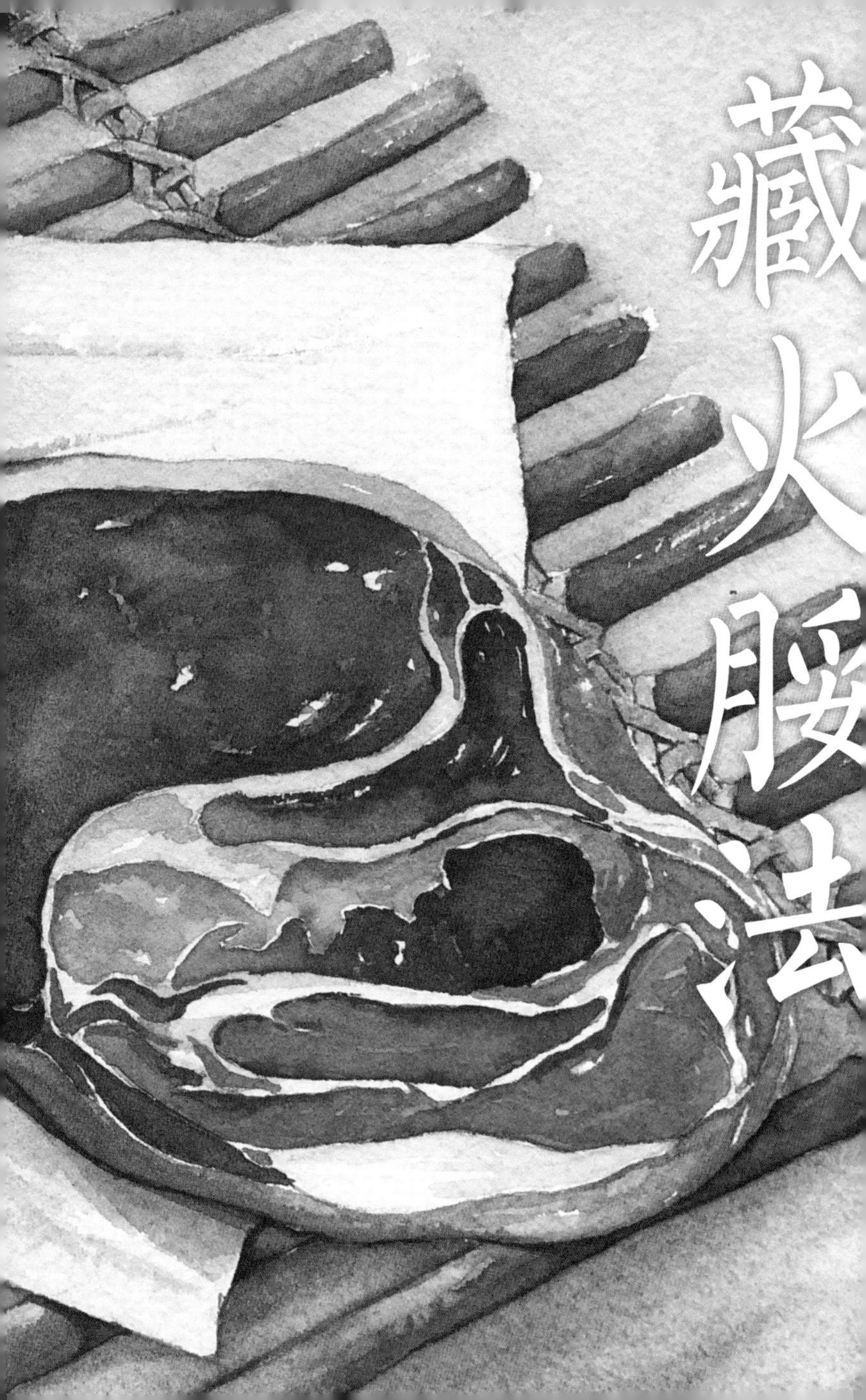
藏火腿法

第一节

附：藏火腿[1]法

【原文】

火腿阴干现红色后，即用稻草绒[2]将腿包裹，外以火麻[3]密缠，再用净黄土畧[4]加细麻丝和融糊上，草与麻丝毫不露。泥干后如有裂处，又用湿泥补之，须抹至极光。风干后，收於房内高架上，无须风吹日晒。俟[5]食时，连草带泥切下，另用麻油涂纸封其口，虽经岁[6]肉色如新。此真收藏之妙法也。

【注释】

〔1〕 腿：同"腿"。

〔2〕 稻草绒：细柔的稻草。

〔3〕 火麻：又称大麻。桑科。一年生草本。茎部韧皮纤维长而坚韧，主要做绳索原料，亦可织麻布、帆布，编渔网等。

〔4〕 畧：同"略"。

〔5〕 俟：等待。

〔6〕 岁：时间。

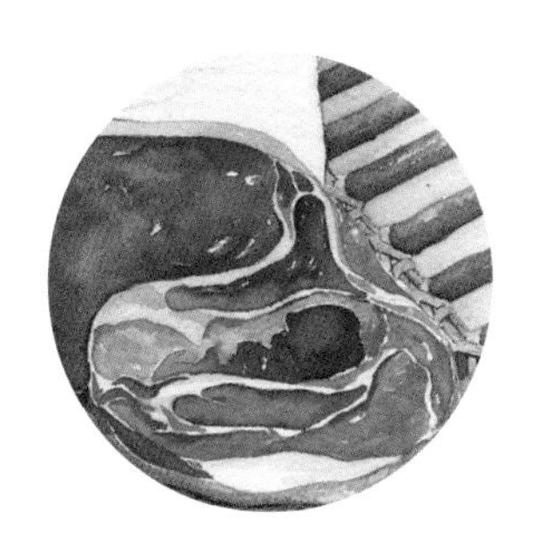

【译文】

火腿阴干呈现红色后，马上用细柔的稻草将火腿整个包裹起来，在外面用火麻缠紧，再用干净的黄土加上少许细麻丝搅拌均匀后糊在表面，使稻草和麻不露出来。黄土渐干后如果出现裂缝，再用湿泥补好裂缝，需要将裂缝尽可能地抹得平整光滑。黄泥风干后，将火腿收到房间内的高架子上，不需要风吹日晒。等到要吃时，直接用刀切开裹着稻草和黄泥的火腿。再用涂了麻油的纸封住切面，这样即使过一段时间，火腿的肉色依然很新鲜。这真是保存火腿的好方法啊。

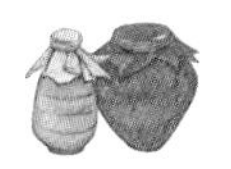

第二节 制香肠法

【原文】

用半肥瘦肉十斤、小肠半斤。将肉切成围棋子大。加炒盐三两、酱油三两、酒二两、白糖一两、硝水一酒杯、花椒小茴各一钱五分、大茴一钱共炒，研细末。葱三四根，切碎，和拌肉内。每肉一斤可装五节，十斤则装五十节。

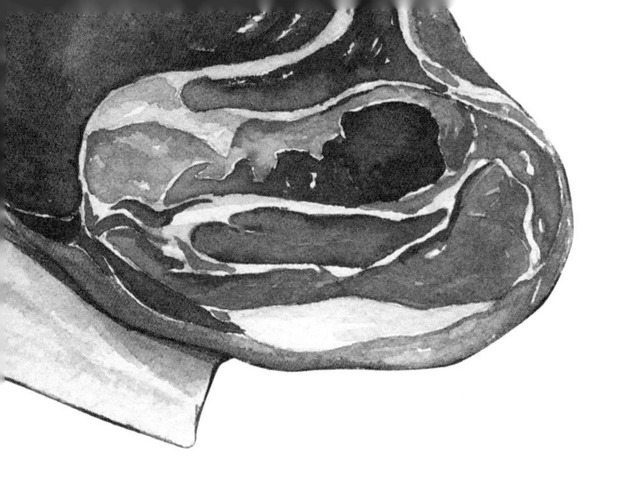

【译文】

需要十斤瘦肥相间的猪肉、半斤小肠。将肉切成围棋子大小。将三两炒盐、三两酱油、二两酒、一两白糖、一酒杯硝水、各一钱五分的花椒小茴、一钱大茴一起炒熟后，研磨细碎。还需三四根葱，切碎后和肉搅拌均匀。每一斤肉可以装五节小肠，十斤肉就可以装五十节小肠。

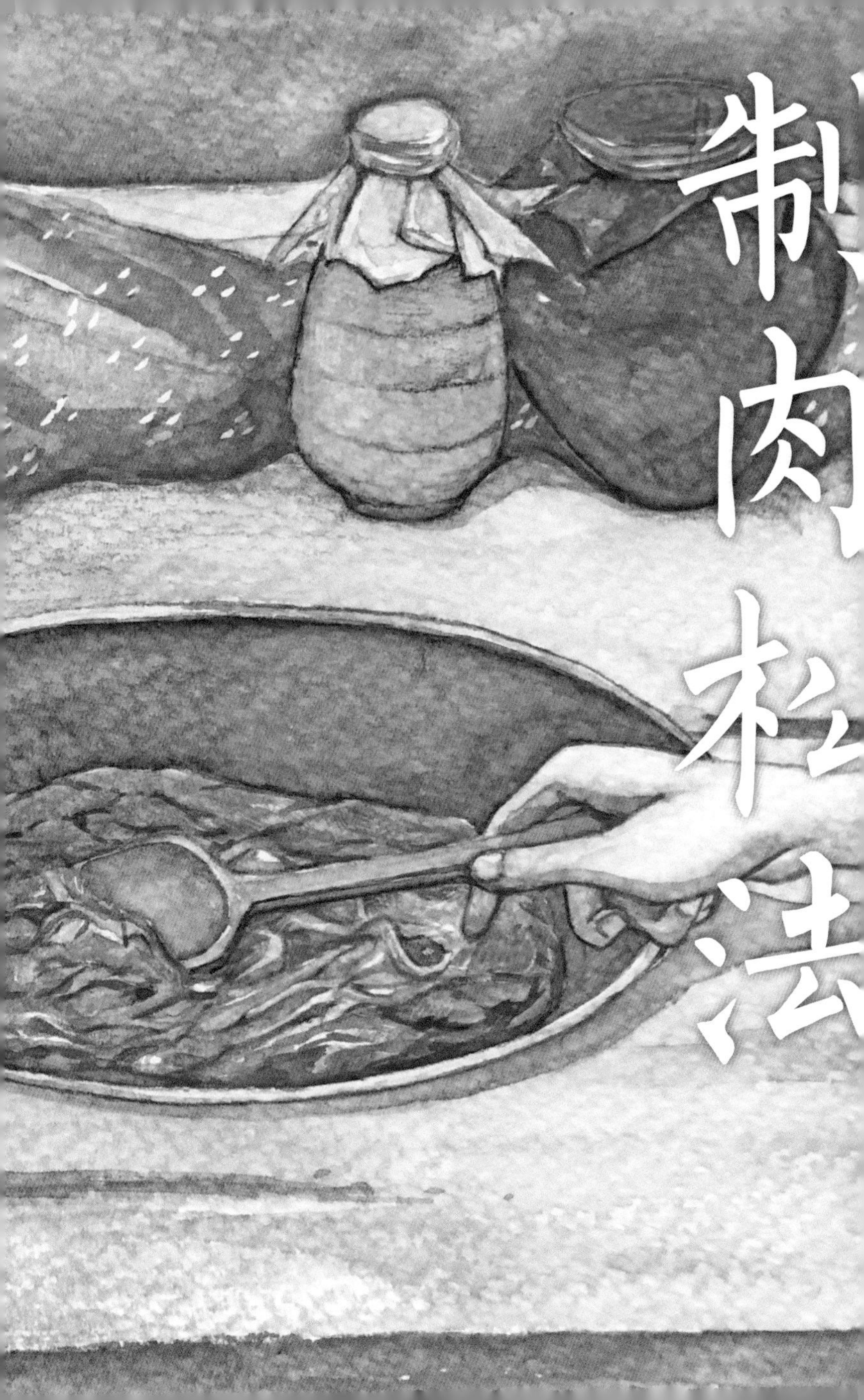
制肉松法

第三节 制肉松法

【原文】

法以豚肩[1]上肉，瘦多肥少者，切成长方块。加好酱油、绍酒[2]，红烧至烂。加白糖收卤[3]，再将肥肉检[4]去。略加水，再用小火熬至极烂极化，卤汁全收入肉内。用箸[5]扰融成丝，旋搅旋熬。迨[6]收至极干至无卤时，再分成数锅，用文火以锅铲揉炒，泥散成丝。焙[7]至干脆如皮丝烟[8]形式，则得之矣。

【注释】

〔1〕豚肩：肩胛肉，猪身和腿相连的部位。

〔2〕绍酒：一种黄酒，因产地在绍兴，故名绍酒。

〔3〕收卤：卤汁收干，变粘稠。

〔4〕检：同“捡”。

〔5〕箸：筷子。

〔6〕迨：等到。

〔7〕焙：用微火烘。

〔8〕皮丝烟：较细的水烟丝。

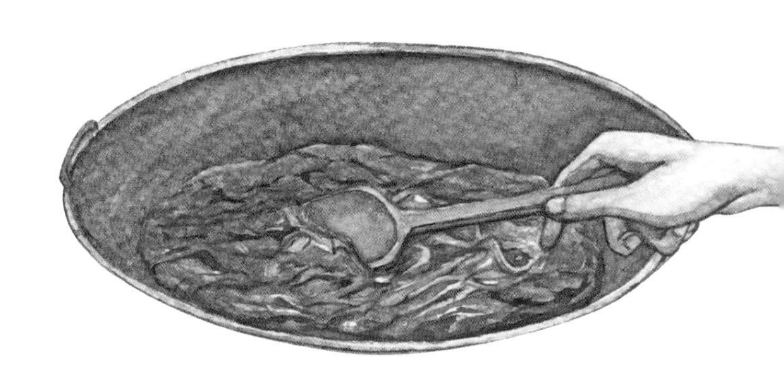

【译文】

取瘦肉多肥肉少的猪肩胛肉，切成长方块。加上好的酱油、绍酒，将猪肉红烧至酥烂。加白糖收卤，再将肥肉挑出。稍加水，再用小火熬煮使肉更加酥烂，卤汁全部被肉吸收。用筷子搅动猪肉使之松散成肉丝，边搅拌边熬煮。等到汁水收干，再将猪肉分成几锅，开小火，用锅铲揉炒，使肉泥分散成丝。用微火慢慢烘烤，使肉丝像皮丝烟那样干脆，肉松就做好了。

第四节 制鱼松法

【原文】

大鳜鱼最佳，大青鱼次之。将鱼去鳞，除杂碎，洗净，用大盘放蒸笼内蒸熟。去头、尾、皮、骨、细刺，取净肉。先用小磨麻油[1]炼熟，投以鱼肉炒之，再加盐及绍酒，焙干后，加极细甜酱瓜丝、甜酱姜丝。和匀后，再分为数锅，文火揉炒成丝。火大则焦枯，成细末矣。

【注释】

〔1〕 小磨麻油：用小磨磨出的芝麻油。

【译文】

最好选取大鳜鱼，其次是大青鱼。将鱼去除鱼鳞、内脏等杂物，洗干净，用大盘装好放入蒸笼中蒸熟。将蒸好的鱼去除头、尾、皮、骨、细刺，切取纯鱼肉。先把小磨麻油熬熟，放入鱼肉炒，再加盐和绍酒，烘干后，加切得很细的甜酱瓜丝、甜酱姜丝。搅拌均匀后，再分成几锅，用小火揉炒鱼肉，使之变成鱼丝。如果用大火，鱼肉就会枯焦，变成碎末了。

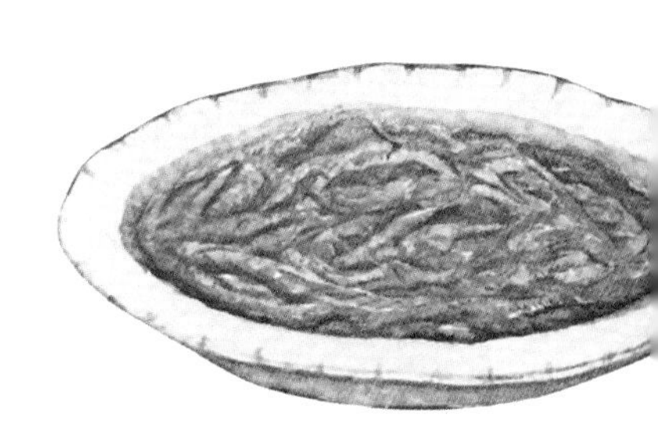

第五节 制五香爊[1]鱼法

【原文】

法以青鱼或草鱼脂肪多者，将鱼去鳞及杂碎，洗净，横切四分厚片。晾干水气，以花椒及炒细白盐及白糖逐块摸擦，腌半日即去其卤。再加绍酒、酱油浸之，时时翻动，过一日夜。晒半干，用麻油煎好捞起。将花椒、大小茴炒，研细末掺上，安在细铁丝罩上。炭鑪[2]内用茶叶、米少许，烧烟爊之。不必过度，微有烟香气即得。但不宜太咸，咸则不鲜也。

【注释】

〔1〕爊：同“熏”。

〔2〕鑪：同“炉”。

【译文】

此方一般用脂肪多的青鱼，也有的用草鱼，将鱼去除鱼鳞、内脏等杂物，洗干净，横向切成四分宽的厚鱼片。将水汽晾干后，用花椒、炒细白盐、白糖摩擦每一块鱼片，腌制半天后就去除渗出的卤汁。再加绍酒、酱油浸泡鱼片，不时翻动，腌制一整天。将腌制好的鱼片晒半干，用麻油煎好鱼片后捞起。翻炒花椒、大小茴香，在鱼片上撒上研磨细碎的花椒和大小茴香，放在细铁丝罩上。炭炉中放少许茶叶和米，用火点着，烟熏鱼片。不需要熏很久，只要鱼片稍微有一些烟香味儿就好了。还要注意鱼片不能太咸，否则就不鲜美了。

第六节 制糟鱼法

【原文】

冬日腌鲤鱼、青鱼均可。腌时仍用花椒、炒盐。将鱼去鳞及杂碎，用盐擦遍，置缸内腌之。数日一翻，腌到月余，起卤晒干。正月内即可截成块，先将烧酒[1]抹过，再将甜糟[2]畧和以盐，一层糟，一层鱼，盛於瓮内，封固。俟夏日取出，蒸食，味极甜美。如鱼已干透，至四五月间，则不用甜糟，只用好烧酒浸沾，盛於瓮内封之，亦甚鲜美，且免生蛀、生霉等患。夏日佐盘餐，亦颇适於卫生也。

【注释】

〔1〕 烧酒：即白酒。

〔2〕 甜糟：甜米酒的酒糟。

【译文】

冬天腌制鲤鱼，也可以用青鱼。腌制的时候仍然用花椒、炒盐。将鱼去除鱼鳞、内脏等杂物，用盐擦拭全鱼，放入缸中腌制。隔几天就将鱼翻一次面，腌制一个多月后，将鱼从卤汁中取出晒干。正月时就可以将鱼切成块，先用烧酒抹鱼，再用少许盐和甜糟混合，在瓮中，铺一层糟，铺一层鱼块，封好固定瓮口。等到夏天取出鱼块，蒸熟食用，味道非常香甜美味。如果鱼块已经干透了，到四五月间，不再添加甜糟，只用品质上乘的烧酒浸泡鱼肉，放在瓮中，封好瓮口，鱼肉也很新鲜美味，而且免除了生蛀虫、发霉等忧患。是夏天一道不错的小菜，而且也很卫生。

第七节 制风鱼法

【原文】

法以大鲫鱼，切勿去鳞。腮下挖[1]一洞，掏去杂碎，塞以生猪油块、大小茴香、花椒末、炒盐等，塞满腹内，悬於过风处阴干。食时去鳞，加酒少许，蒸之。制时宜用冬日，至春初以之佐酒，肉嫩味鲜。若至二三月，干透，则肉老无味矣。

【注释】

〔1〕挖：同“拖”。一本译作“为‘挖’字之误”。

【译文】

这个方法选取大鲫鱼，不要去除鱼鳞。腮下弄一小洞，掏除内脏，将生猪油块、大小茴香、花椒末、炒盐等塞入洞中，并塞满鱼腹，悬挂在通风处阴干。食用前去除鱼鳞，加少许酒，蒸熟。最好在冬天制作，到初春用来下酒，鱼肉细嫩，味道鲜美。如果到二三月，鱼肉完全干了，那么鱼肉又老又没有鲜味了。

第八节 制醉蟹法

【原文】

九十月间，霜螃[1]正肥。择团脐[2]之大小合中者，洗净，擦干。用花椒炒细盐，将脐扳开，实以椒盐，用麻皮週[3]紥[4]，贮罈内。罈底置皂角[5]一段，加酒三成、酱油一成、醋半成，浸螃於内，卤须齐螃之最上层。每层加饴糖[6]二匙、盐少许，俟盛满，再加饴糖，然后以胶泥[7]紧闭坛口，半月后即入味矣。

【注释】

〔1〕螃：同“蟹”。霜蟹：结霜时节的蟹，霜后的螃蟹肥美。陆游《记梦》：“团脐霜蟹四腮鲈，樽俎芳鲜十载无。”

〔2〕团脐：指雌蟹。

〔3〕週：同“周”。

〔4〕紥：同“扎”。

〔5〕皂角：亦称“皂荚”。豆科。荚果带状，微肥厚。荚果富胰皂质，用以洗丝绸及贵重家具，可不损光泽。中医学上以果、刺、种子入药，性温、味辛，有小毒，功能祛痰、开窍，主治痰多咳嗽、中风口噤、癫痫等症。

皂荚多服会引起呕吐、泄泻等副作用等，孕妇慎用。

〔6〕 饴糖：亦称“糖稀”。由麦芽中的糖化酶作用于碎米中的淀粉所制成的一种糖。为浅黄色粘稠透明液体。主要成分为麦芽糖、葡萄糖及糊精。味甜柔爽口。广泛用于糖果、糕点制品，亦用于其他工业。中医学上用作缓中、补虚、润肺药，性微温，主治中虚腹痛、肺燥咳嗽等症。

〔7〕 胶泥：含有水分的黏土，黏性很大。

【译文】

九十月份，正值霜蟹肥美的时节。选取大小适中的雌蟹，洗净擦干。用花椒炒细盐，将蟹脐掰开，放入炒好的椒盐，用麻皮将整只蟹扎紧，放入坛中储藏。坛底要放一段皂角，再加入三成酒、一成酱油、半成醋，将蟹浸泡其中，卤汁需恰好没过最上层螃蟹，与之齐平。每层螃蟹加二匙饴糖、少许盐，等螃蟹都放满了，再加饴糖，然后用胶泥封闭坛口，半个月后螃蟹就腌制入味了。

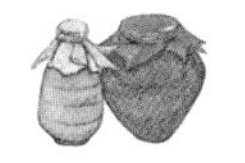

藏蠏肉法

第九节 藏蟹肉法[1]

【原文】

蟹肉满时，蒸熟剥出肉、黄，拌盐少许，用磁器盛之。炼猪油俟冷定倾入，以不见蟹肉为度。须[2]冬间蒸留更妙。食时刮去猪油，挖出蟹肉，随意烹调，皆如新鲜者。

【注释】

〔1〕与秃黄油的做法类似，不过秃黄油只有蟹黄，无蟹肉。

〔2〕须：等待。

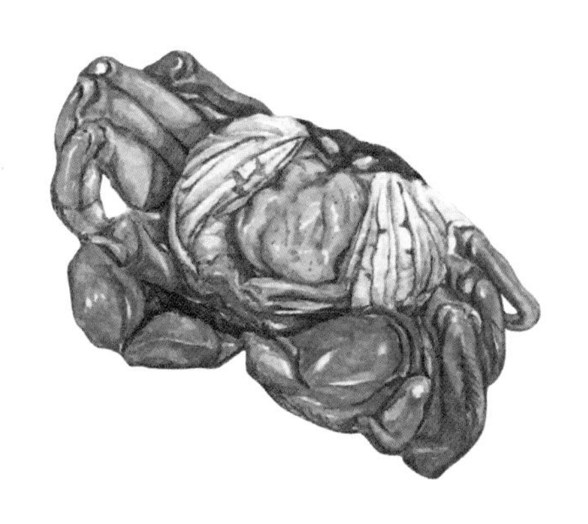

【译文】

在蟹肥时节，将蟹蒸熟后剥出蟹肉和蟹黄，拌少许盐，盛放在瓷器内。炼猪油，等猪油冷却后倒入瓷器，直到能浸没蟹肉。等到冬天制作效果更好。吃的时候刮去猪油，挖出蟹肉，随意烹调，都像新鲜的蟹肉一般。

第十节 制皮蛋法

【原文】

制皮蛋之炭灰，必须锡匠铺所用者。缘[1]制锡器之炭，非真栗炭不可，故栗炭[2]灰制蛋最妙，盖制成后黑而不辣，其味最宜。而石灰必须广灰[3]，先用水发开，和以筛过之炭灰、压碎之细盐，方得入味。如炭灰十碗，则石灰减半，盐又减半，以浓茶一壶浇之，拌至极匀，干湿得宜。将蛋洗净包裹后，再以稻糠滚上，俟冷透装罈，约二十日即成。

【注释】

〔1〕缘：因为，由于。

〔2〕栗炭：栗树烧成的木炭。

〔3〕广灰：结块的优质生石灰，碱性较强。

【译文】

制作皮蛋的炭灰一定要用锡匠铺用的炭灰。因为制作锡器的炭，必须得是真的栗炭，之所以用栗炭灰制作的皮蛋最好，是因为这样做出来的皮蛋颜色黑但是不辣，味道最好。而且石灰必须要用广灰，先用水泡开，用筛子筛过的炭灰和碾碎的细盐，一同搅拌，才能使皮蛋入味。如果用十碗炭灰，就用一半炭灰量的石灰，用一半石灰量的盐，用一壶浓茶浇透，搅拌得很均匀，干湿的程度适宜为止。将蛋洗干净包上石灰、炭灰、盐的混合物后，再在表面滚上一层稻糠，等到蛋完全冷却，装进坛中，大约二十天就做好了。

第十一节 制糟蛋法

【原文】

将鸭蛋轻敲，微损其外壳，用好烧酒合[1]盐浸之。须泡满五十日后取出。用甜酒糟加烧酒和盐，一层蛋，一层糟，贮满，用泥封固罈口，上加一盆覆之。日晒夜露，百日乃成。

【注释】

〔1〕合：与，同。

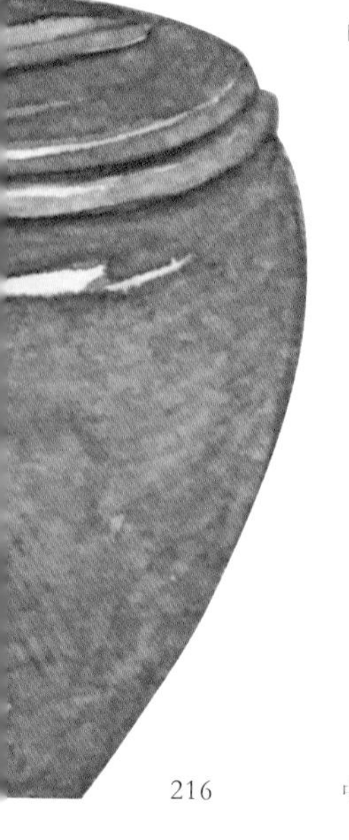

【译文】

轻敲鸭蛋，使鸭蛋的外壳稍有裂痕，用品质上乘的烧酒和盐浸泡。需要浸泡五十天后才能取出。用甜酒糟、烧酒和盐搅拌均匀，在坛中放一层蛋，放一层糟，放满后，用泥土封住固定坛口，坛口再盖一个盆。放在室外，日晒夜露，一百天后糟蛋就制作好了。

第十二节 制辣豆瓣法

【原文】

以大蚕豆用水一泡，即捞起，磨去壳，剥成瓣，用开水烫洗，捞起，用簸箕盛之。和面少许，衹[1]要薄而且匀，稍晾即放至暗室，用稻草或芦席覆之。俟六七日起黄霉后，则日晒夜露。俟七月底始入盐水缸内，晒至红辣椒熟时。用红椒切碎侵晨[2]和下。再晒露二三日后，用罈收贮。再加甜酒少许，可以经年不坏。

【注释】

〔1〕衹：只。

〔2〕侵晨：天快亮的时候。

【译文】

将大蚕豆在水中泡一下，马上捞起，剥去壳，掰开豆瓣，用沸水烫洗，捞起后，用簸箕盛放。和少许面，擀得又薄又均匀，放在蚕豆上，稍微晾干后，就放入暗室中，用稻草或者芦席覆盖。等六七天，面的表面长出黄霉后，就将大蚕豆放到室外，日晒夜露。等到七月底，再将蚕豆放进盐水缸中，晒到红辣椒成熟的时节。天刚亮之时，将红辣椒切碎，放入盐水缸中搅拌均匀。再日晒夜露两三天后，放入坛中储存。再往坛中加少许甜酒，放一年都不会变质。

第十三节

制豆豉法

【原文】

大黄豆淘净，煮极烂，用竹筛捞起。将豆汁用净盆滤下，和盐留好。豆用布袋或竹器盛之，覆於草内。春暖三四日即成，冬寒五六日亦成，惟夏日不宜。每将成时，必发热起丝，即掀去覆草，加捣碎生姜及压细之盐，和豆拌之，然须略咸方能耐久。拌后盛罈内，十余日即可食。用以炒肉、蒸肉，均极相宜。或搓成团，晒干收贮，经久不坏。如水豆豉，则於拌盐后取若干，另用前豆汁浸之，略加辣椒末、萝卜干，可另装一鑵[1]，味尤鲜美。

【注释】

〔1〕鑵：同“罐”。

【译文】

将大黄豆淘洗干净，煮烂，用竹筛捞起。将豆汁用干净的盆过滤出豆，和盐搅拌均匀备用。豆用布袋或竹器盛放，铺上一层草。春季暖和的话，三四天就发酵好了；冬季寒冷的话，五六天也能发酵好；唯独夏天不适合发酵。一般豆将发酵完毕时，都会发热并能拉出丝，如此，马上掀开盖着的草，加入捣碎的生姜和碾碎的细盐，和豆一起搅拌均匀，但是得稍微咸一些才能长久储存。搅拌均匀后，放在坛中，十多天就可以食用了。用来炒肉、蒸肉，都很合适。或者将豆豉搓成团，晒干后储存，可以保存很长的时间。如果想做水豆豉，那么在拌上盐后取一些，再用之前的豆汁浸泡，稍微加一些辣椒末、萝卜干，可以另装一罐，味道尤其鲜美。

第十四节 制腐乳法

【原文】

造腐乳须用老豆腐，或白豆腐干。每块改切四块。以蒸笼铺净草，将豆腐平铺，封固，再用稻草覆之。俟七八日起霉后取出，用炒盐和花椒糁入，置磁缸内。至八九日再加绍酒。又八九日复翻一次，即入味矣。如喜食辣者，则拌盐时洒红椒末。若作红腐乳，则加红曲末少许。

【译文】

做腐乳需要用老豆腐，或者白豆腐干。每块豆腐切成四块。在蒸笼中铺上干净的草，将切好的豆腐平铺在蒸笼上，盖好盖子，再盖上稻草。等七八天后，豆腐上长出霉，取出豆腐，放上炒盐和花椒，放进瓷缸中。等八九天再加入绍酒。再八九天后，将豆腐翻面，就入味了。如果喜欢吃辣，那么在拌盐时撒上红椒末。如果想做红腐乳，那么加少许红曲末即可。

制酱油法

第十五节 制酱油法

【原文】

用大黄豆淘净煮熟透，再以小火煮至通夜。次早将熟豆盛於缸内，用麦面[1]拌匀，摊置篾筐[2]内，上覆以芦席。天热时须俟稍凉方能覆盖。三四日后即上黄霉一层。取出日晒夜露，俟干研碎，入熟盐水浸晒。早起日未出时搅一次。日晒夜露，至二十日后即成。如畏蝇蚋[3]，则以薄纱罩缸口。遇雨，则用大笠盖之。然四面须植杆将笠悬空盖之，缘夏日晒至极热，忽尔紧盖，甚不相宜，必如此方透空气也。至作酱油之定率，每黄豆一斤，配盐一斤、水七斤。水用煮沸者，冲以盐，隔夜澄清，次早备用为宜。

【注释】

[1] 麦面：小麦磨成的面粉。

[2] 篾筐：将竹子切成薄片后编制成的用来盛装物体的器具。

[3] 蝇蚋：苍蝇和蚊子。

【译文】

将大黄豆洗干净并煮熟，再用小火熬煮整晚。第二天早上将熟豆盛放在缸内，用面粉拌匀后，摊开放在篾筐中，上面用芦席覆盖。天热时要等面团稍凉后才能覆盖芦席。三四天后面团上就长出一层黄霉。将面团取出，日晒夜露，等到完全干了之后研碎，放入熟盐水中继续日晒。每天早晨，在日出前搅拌一次。日晒夜露，二十天后就可以制成酱油。如果担心苍蝇和蚊子，那么用薄纱罩住缸口。如果遇上下雨天，那么用大的斗笠盖住缸口。但是夏天需要在缸的四周竖杆将斗笠悬空盖在缸上，因为夏天太阳晒得很热，突然用斗笠盖紧缸口，很不合适，一定要像这样才能透气。至于做酱油的比例，每一斤黄豆，配一斤盐、七斤水。水需要煮沸后，用盐冲泡，最好澄清一晚，为第二天早上做好准备工作。

第十六节 制甜酱法

【原文】

白面以凉水和之，制成薄饼式。蒸熟，切成棋子块，覆草内。数日生黄霉后，日晒夜露。每十斤入盐三斤、开水二十斤，晒成收之。

【译文】

白面加凉水，和面，做成薄饼的样子。蒸熟后，切成棋子大小的块状，盖上草。几天长出黄霉后，放在室外，日晒夜露。每十斤白面，放三斤盐，二十斤开水，晾晒完毕后就可以收起储存了。

第十六节

附：制酱菜法

【原文】

制酱瓜、酱蒿笋法，须将瓜剖开晒干，夜间将盐略腌之。次早拭净盐水。另用盆贮甜酱，将瓜浸入，晒於日中。数日后，将瓜取出，另换甜酱浸之。若以生瓜遽然[1]投入酱缸内，则缸内之酱全坏矣。

【注释】

〔1〕遽然：突然。

【译文】

制作酱瓜、酱蒿笋的方法是，须将瓜剖开晒干，在晚上用盐略微腌制。第二天早上，擦净盐水。另用一盆，装好甜酱，把瓜浸入酱中，在中午晾晒。几天后，将瓜取出，再把瓜浸入一盆新甜酱中。如果把生瓜直接放入酱缸中，那么缸中的酱就将全部变质。

第十七节 制泡盐菜法

【原文】

泡盐菜法，定要覆水罈。此罈有一外沿如暖帽式，四周内可盛水，罈口上覆一盖，浸於水中，使空气不得入内，则所泡之菜不得坏矣。泡菜之水，用花椒和盐煮沸，加烧酒少许。凡各种蔬菜均宜，尤以豇豆、青红椒为美，且可经久。然必须将菜晒干，方可泡入。如有霉花，加烧酒少许。每加菜必加盐少许，并加酒，方不变酸。罈沿外水须隔日一换，勿令其干。若依法经营，愈久愈美也。

【译文】

制作泡盐菜，一定要用覆水坛。这种坛有一个像暖帽一样的外沿，四周一圈可以倒水，坛口上再盖一个盖子，盖子的外圈浸入水中，使空气不能进入坛中，那么这样泡的菜不会变质。泡菜的水，加花椒和盐煮沸，再加少许烧酒。凡是各种蔬菜都可以，豇豆、青椒、红椒尤其适合，而且可以长久储存。但是必须将菜晒干，才可以泡入缸中。如果出现霉花，就稍加一些烧酒。每加一点菜，就要加少许盐，再加酒，才不会使菜变酸。坛沿的水需要隔一天换一次，不要使水蒸发干。如果按这个方法制作，盐菜泡得越久味道越鲜美。

第十八节 制冬菜法

【原文】

冬日选黄芽白菜，风干，待春间天晴，将白菜洗净，取其嫩心，晒一二日后，横切成丝，又风干。加花椒、炒盐，揉之，宜淡不宜咸。数日取出，晒干，再略加酒及酱油，揉之，仍盛罈内。隔十余日一晒，晒干又加酒及酱油，揉之。久之成红色，愈久愈佳，经夏不坏。夏日蒸肉最妙。

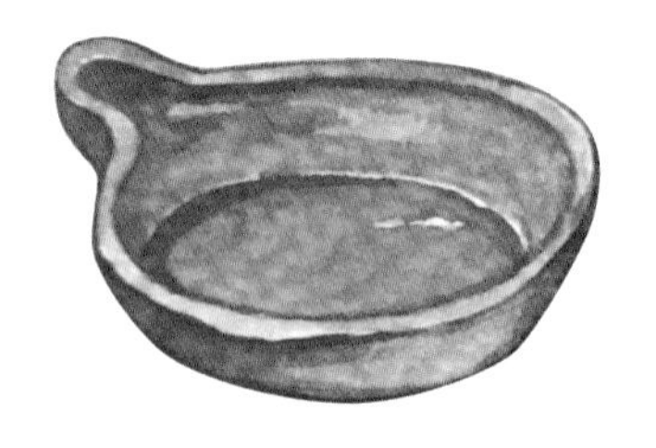

【译文】

冬天选黄芽白菜，将其风干。等到春季天晴时，将白菜洗干净，取其嫩心，晒一两天后，横切成菜丝，再风干。加花椒、炒盐，揉菜丝，菜丝宜淡不宜咸。几天后取出菜丝晒干，再稍加酒和酱油，一同揉搓，继续放在坛中。隔十几天晒一下，晒干了再加一些酒和酱油，一起揉搓。时间久了，菜会变成红色，时间越久越好，放一夏天都不会变质。夏天，用冬菜来蒸肉最为美妙。

制甜醪酒

第十九节 制甜醪酒

【原文】

糯米须选整白而无搀和饭米[1]者。夜间淘净，以清水泡至次午，漉[2]起用饭甑蒸熟透。每六斤米，用粬[3]一小酒杯。先将酒粬研细，配好米数备用。俟米蒸透后，如天寒则趁热拌粬。将稻草预先晒热，或用开水一大盆，先温草窝内。俟将粬和饭拌匀，装盆内覆以盖，即速置热草窝内，四围再用草围紧。如酒多缸大，则用草多围；如酒少缸小，则用木柜等装草围之，柜外尚须加被褥。如天热则宜摊凉再置缸内，以草围之。春秋和暖时，则须调至冷热合度方妥。总以详察天时为宜。天寒二三日即有酒香溢出，天热一二日即得。须先去其被，再少去其草，俟热退尽始行取出。倘因冷度过盛，詈无酒香者，即拨开中央，加好高粱酒四两，次日即沸，过七日即成。

【注释】

〔1〕饭米：指籼米。

〔2〕漉：过滤。

〔3〕粬：同“麯”。“麯”为“曲”的繁体字。酒曲，在蒸煮的白米中，移入曲霉的分生孢子，然后保温，米粒上生长出的菌丝。

【译文】

需要选完整、洁白且没有掺杂籼米的糯米。晚上将糯米淘洗干净,用清水浸泡到第二天中午,过滤后用饭甑蒸熟。每六斤米,用一小酒杯的曲。先将酒曲研磨细碎,配品质上乘的糯米备用。等到糯米蒸熟后,如果天气寒冷就趁热与酒曲搅拌均匀。将稻草预先晒热,或者用一大盆开水,先把稻草窝弄热。等到将酒曲和糯米饭拌匀后,装在盆内并盖上盖子后,就马上放入温暖的稻草窝内,四周再用稻草围紧。如果需要做的甜醪酒多、缸很大,那么用稻草多围一些;如果甜醪酒量少、缸小,那么就用木柜子装着稻草围住酒缸,木柜外还需要加一层被褥。如果天气热,那么拌好酒曲的糯米需要放凉后再放进缸内,用稻草围好。春秋的暖和时节,就需要调整到不冷不热才妥当。总之要仔细观察天气变化才行。天气寒冷时两三天后就会飘出酒香，天气热的时候一两天就会有酒香。需要先去掉被褥，再稍微取出一些稻草，等到热气散尽后才开始取出甜醪酒。如果因为太冷，一点也没有酒香，那就拨开稻草，加入四两品质上乘的高粱酒，第二天甜醪酒就会沸腾，过七天甜醪酒就制作完成了。

第二十节 制酥月饼法

【原文】

用上白灰面，一半上甑蒸透，勿见水气；一半生者，以猪油合凉水和面。再将蒸熟之面全以猪油和之。用生油面一团，内包熟油面一小团，以赶面杖赶成茶杯口大，叠成方形。再赶为团[1]，再叠为方形。然后包馅，用饼印[2]印成，上炉炕熟，则得矣。油酥馅，则用熟面和糖及合桃[3]等，畧加麻油，则不散矣。

【注释】

〔1〕团：圆。

〔2〕饼印：制作月饼的模具，刻有花纹图案等。

〔3〕合桃：即核桃仁。

【译文】

用上等的白面，一半放入甑蒸熟，不要有水汽；另一半生白面，用猪油、凉水和面。再将蒸熟的面全用猪油和面。取一团生油面，里面包一小团熟油面，用擀面杖擀成茶杯口的大小，叠成方形。再擀成圆形，再叠成方形。然后包上馅，用饼印印上图案，放上炉炕烤熟即可。油酥馅，要用熟面、糖和核桃仁等，稍加麻油，馅就不容易散开了。

编后记

让“中馈录”浮出历史地表

关于古代女子的想象，最先浮现的也许是“十指不沾阳春水”的闺房小姐。其实女性中亦出现了不少大厨，五代的尼姑梵正，将鱼、肉、瓜果、蔬菜，切成薄片，创制“辋川小样”拼盘，还原了王维绘制的风景画《辋川图》；宋代时，厨娘成为了女性的职业，请一位厨娘下厨，贵族甚至需要提前预约、并用暖轿接送；西湖边的女厨师宋五嫂因一碗鱼羹而受到宋高宗赞赏，这道“宋嫂鱼羹”从此成为了杭州的名菜。

"中馈"，指妇女在家里主管的饮食之事，而《中馈录》记载的正是古代女子们的烹饪经验。本书收录了历史上的两本《中馈录》，一本由元代吴氏撰写，另一本由清代曾懿撰写，两位作者均为女性。

吴氏生平不详，只知是浦江（今属金华）人。吴氏的《中馈录》分为脯鲊、制蔬、甜食三个部分，共七十多种菜点制作方法。其中有一道金华古菜"炉焙鸡"，煮、焙、炒、烹，加入醋、酒、盐，"如此数次，候十分酥熟"，读时脑中便浮现出酥烂、轻轻一扯就分开的鸡肉，仿佛还闻到醋和酒的香气。"制蔬"一章中的"撒拌和菜"是一道适合夏日的开胃小菜，不仅清凉，而且简单。将白菜、豆芽、水芹焯熟后，放入清水中冷却，榨干水分，倒入花椒油、酱油、醋、白糖，拌匀即可食用。菜色青翠，香脆爽口。菜谱中还有一道甜品"雪花酥"，只用面、油、白糖制成，相比如今添加棉花糖、奶粉、坚果、蔓越莓的雪花酥纯粹得多。

曾懿，字伯渊，华阳（今属四川成都）人，曾随父亲曾咏（1813—1862，字永吉，号仲撰，道光二十四年进士，曾任安庆府署知）和丈夫袁学昌（光绪己卯举人，曾任安徽省滁州府全椒县知县、湖南提法使）去过江南。她擅长绘画作诗，且通医术，除《中馈录》外，还著有《女学篇》、《医学篇》、《古欢室诗集》、《词集》，是一个才女。她的《中馈录》共收录二十道食谱，包括肉食、河鲜、点心、调味料。其中一道“藏蟹肉法”，与美食纪录片《风味人间》中出现的苏州名菜“秃黄油”何其相似。在螃蟹当季时，将蟹肉蒸熟后剥出蟹肉和蟹黄，倒入炼好冷却的猪油，即可长期保存；吃时只需刮去猪油，“随意烹调，皆如新鲜者”。古代没有冰箱，如此保存蟹肉，可使家人在四季都能品尝到蟹的鲜美，真可谓厨人的智慧。菜谱中另有许多菜品，如火腿、肉松、皮蛋等，亦都传承至今。

中国历代食谱绝大多数都由男性书写，如袁枚的《随园食单》，以文人的审美视角，甚至将吃上升到了哲学的高度，然而实际生活中主中馈之事的女性却鲜有发声留名。这种稀缺，使得由女性记录自我烹饪实践的“中馈录”在众多古代食谱中显得独特且珍贵，当我发现这一点时非常兴奋，待真正细读文本后，更是爱上了这一方方厨娘私房食单。那些制菜经验、烹饪技巧、尺度拿捏，包涵着女性独特的细腻感受，只只精巧小菜里融注了男性无法触及的细枝末节；有时也许只是几个熟稔的烹饪手势，读来便活色生香，好像瞬移进入了古代厨娘充满人间烟火的厨房。经过这一路的版本整理、点校翻译，最终让《中馈录》浮出历史地表，以飨读者，达成了我的一个心愿，既作为美食烹饪爱好者，也作为一个女性。

“中馈”的现代意义

被收录于《绿窗女史》的浦江吴氏《中馈录》和以《中馈总论》开篇的曾懿《中馈录》或许都有点说教的意味，但撇开当时的时代因素，“中馈”有其独特的现代意义。

“中馈”展现的是家常菜，是地方美食与家庭温暖的结合。浦江吴氏《中馈录》和曾懿《中馈录》记录了金华和四川当地的家常菜，其中有不少流传至今，仍频频出现在我们的餐桌上。浦江吴氏《中馈录》中有不少方言，如“安起”、“盘”等，口语化程度较高，给人一种亲切感。浦江吴氏《中馈录》和曾懿《中馈录》中除了记载菜品的烹饪过程，还尽可能说明食材和调料的分量，使之更具可操作性；更有不少厨房里的小秘诀，如“晒虾不变红色”、“煮蟹青色、蛤蜊脱丁”、“治食有法”；时不时还有温馨的提醒，如“糟姜方”中“不要见水，不可损了姜皮”、“炒面方”中“做甜食凡用酥油，须要新鲜，如陈了，不堪用矣”、“制皮蛋法”中“制皮蛋之炭灰，必须锡匠铺所用者。缘制锡器之炭，非真栗炭不可，故栗炭灰制蛋最妙，盖制成后黑而不辣，其味最宜”。读时，人仿佛置身厨房，到关键步骤，耳边就传来悉心的指导声。

在当代的快节奏生活中，“中馈”是一种找寻“内心平静”的生活方式。中餐是讲究的，同一种食材的不同烹饪方式需要不同的刀法，切丝、切丁、切片、滚刀……不一而足，因需而变。中餐也是玄妙的，西餐常用量勺、温度计等工具进行可量化地操作，而中餐的“适量”、“少许”、“大火”、“文火”，则更需要烹饪者根据经年累月的实践经验灵活调整。一位拥有45年从业经验的外国美食评论家曾坦言：“当你开始研究中餐时，你就会意识到中餐可能是地球上最复杂的食物。”正是这份复杂，让中餐烹饪更需要积累沉淀、因材施法，没有耐心是无法收获至臻之味的，在“日晒夜露”、“七七四十九天”的守候中，时间成就了一代代厨人，也凝练了一道道美味食方。

今天的“中馈”还依托互联网，为女性的生活形态提供了更为多样的可能性。越来越多的女性通过互联网交互平台，拍摄照片与视频，分享自己精心制作的菜品，甚至以此为业，成为全职的美食博主。当然，更多的人只是作为爱好分享生活，比如我自己，闲暇时在个人公众号“抽屉里的字”写一写近期做的菜品，本是作为自我消遣，却无意中吸引了一些朋友和陌生网友的关注。曾经，一位并不相识的新晋奶爸看了我的“中馈”小记，也许想犒劳辛苦的太太，又苦于没有经验，便通过微博私信向我“求教”几道菜的做法，之后每有成功之作，都不忘发我成果图，别无他言，这样的“点菜之交”真是温暖又奇妙。

《中馈录》出版背后的珍贵点滴

策划、编辑《中馈录》的过程中，有令人心烦的挫折，也有甜蜜的瞬间。就像一道药膳，苦中有甜，既有药材的苦味，又有细腻的回甘。或许没了这苦味，药膳会更好吃，但正是因此，药膳的滋味更加丰富，也更令人印象深刻。

底本的选择对于古籍出版的重要性不言而喻。在本书的准备工作中，我力求找到最好的底本。虽然未能找到浦江吴氏《中馈录》的原本，但我发现其收录于元末明初陶宗仪编写的《说郛》、明代秦淮寓客编写的《绿窗女史》和清代《古今图书集成》。其中，上海古籍出版社于1986年所出版的《说郛三种》，将近人张宗祥校理的涵芬楼一百卷本、明刻《说郛》一百二十卷本（通常称为宛委山堂本）及《说郛续》四十六卷本三种汇集影印，并根据中国佛教图书文物馆及上海辞书出版社等其余存世版本整理校记，较为权威、完善。通过对照《说郛》（宛委山堂本）和《绿窗女史》(心远堂本，哈佛大学哈佛燕京图书馆藏)中收录的浦江吴氏《中馈录》，发现内容相同。本书中，曾懿《中馈录》的底本是清代光绪三十三年即1907年的线装刻本，存于复旦大学图书馆古籍部。此版本是作者曾懿之子袁励准为母亲于1907年刊印的《古欢室全集》中《中馈录》一卷，字迹清晰，是珍贵的善本。那个下午，当我轻轻翻开一百多年前、带着樟木香的线装古籍，那份小心翼翼、心潮澎湃的感受，至今仍清晰地刻在我的记忆里。

给《中馈录》配上风格匹配的插画，就不是这么一帆风顺了。为了找到合适风格的插画，我先后联系了八位插画师，花了大半年时间。其中有已经出版过绘本的插画师，也有还在读研的美院学生。寻找插画师，是一件需要缘分的事情：风格、档期、费用……无论哪个环节出现问题，都会影响合作。出师不利，与好几位插画师的约稿进程因各种原因，都卡在中途。短暂的丧气之后，我还是鼓起干劲继续寻觅。

“众里寻他千百度，蓦然回首，那人却在灯火阑珊处”，最终敲定的插画师郑雯婷是我本科时的同学。她毕业于浙江工业大学环境设计系，创办了格物艺术工作室，曾作为设计师助理赴意大利参加米兰国际设计周策展；作为策展助理负责“设计上海——The Lake 湖”策展及布展，并获得“The Lake 湖”艺术公益项目“陈设中国·晶麒麟奖”公益民生金奖。此次约稿留给她的创作时间并不充裕，但她很认真地查找资料，每一幅插图均是在和我确认好草图后再勾线、上色。在绘制《晒茄干方》时，她甚至从网上找了好多种茄子的图片，问我哪一种更合适，用心可见一斑。和婷婷的合作可以用“愉悦”来形容，当我看到她的插图时，我感受到了插画中洋溢着的喜悦，仿佛看到她绘制时上扬的嘴角。作为观众，却能同样体会到插画师落笔时的快乐，真是一件幸事。

回顾这一路，《中馈录》的出版，绝不是仅仅依靠我个人的努力。在策划、编辑的过程中，我得到了段怀清、孙晶、胡远行、余雪霁等诸位老师的帮助，他们就本书的编辑、出版提出了许多宝贵的建议。在此，向他们表示感谢！

“中馈”将许多人连结在一起。现在，因为它，你成为了我的读者。我希望通过《中馈录》，能将那一份安静又带着烟火气的温暖，传递给你。

2020年3月24日

朱丽莎于杭州家中

图书在版编目（CIP）数据

中馈录：古法制菜·隐藏的厨娘食单/（元）浦江吴氏，（清）曾懿著.
-- 上海：上海文艺出版社，2021
ISBN 978-7-5321-7680-9
Ⅰ.①中… Ⅱ.①浦… ②曾… Ⅲ.①菜谱－中国－古代②食谱－中国－古代
Ⅳ.①TS972.182
中国版本图书馆CIP数据核字（2020）第082356号

发 行 人：毕　胜
策　　划：孙　晶
编　　译：朱丽莎
插　　画：郑雯婷
责任编辑：余雪霁
装帧设计：胡斌工作室

书　　名：中馈录：古法制菜·隐藏的厨娘食单
作　　者：（元）浦江吴氏（清）曾懿
出　　版：上海世纪出版集团　上海文艺出版社
地　　址：上海市绍兴路7号　200020
发　　行：上海文艺出版社发行中心
　　　　　上海市绍兴路50号　200020　www.ewen.co
印　　刷：苏州市越洋印刷有限公司
开　　本：787×1092　1/32
印　　张：8.125
插　　页：2
字　　数：30,000
印　　次：2021年1月第1版　2021年1月第1次印刷
I S B N：978-7-5321-7680-9/G.0288
定　　价：88.00元
告 读 者：如发现本书有质量问题请与印刷厂质量科联系　T：0512-68180628